dtv
premium

Ausführliche Informationen über
unsere Autoren und Bücher
finden Sie auf unserer Website
www.dtv.de

THOMAS BÜHRKE

Genial gescheitert

Schicksale großer Entdecker und Erfinder

Mit 9 Schwarzweißabbildungen

Deutscher Taschenbuch Verlag

Von Thomas Bührke außerdem im <u>dtv</u> erschienen:
Albert Einstein (<u>dtv</u> 31074)
E = mc² (<u>dtv</u> 33041)

Originalausgabe 2012
© 2012 Deutscher Taschenbuch Verlag GmbH & Co. KG,
München
Das Werk ist urheberrechtlich geschützt.
Sämtliche, auch auszugsweise Verwertungen bleiben vorbehalten.
Umschlagkonzept: Balk & Brumshagen
Umschlagbild: Markus Roost
Redaktion und Satz: Olaf Benzinger,
Verlagsbüro Lektyre, Germering
Gesetzt aus der ITC Slimbach 10,5/13,5°
Druck und Bindung: Kösel, Krugzell
Gedruckt auf säurefreiem, chlorfrei gebleichtem Papier
Printed in Germany · ISBN 978-3-423-24928-7

Inhalt

Scheitern auf hohem Niveau

Die historische Entwicklung von Technik und Naturwissenschaft wird meist als eine lückenlose Folge von grandiosen Erfolgen genialer Menschen dargestellt. Doch so war es nie, und so ist es auch heute nicht. Unzählige Erfinder und Forscher endeten in Sackgassen oder verirrten sich im Dickicht ihrer Ideen.

Freilich waren sehr viele Forschungsarbeiten von Beginn an zum Scheitern verurteilt, wie die Suche nach dem *perpetuum mobile* oder die Verwandlung von Quecksilber in Gold. Die erfolglosen Erfinder dieser Kategorie sind vergessen, und das aus gutem Grunde. Es gab jedoch eine Reihe äußerst intelligenter Menschen, die in ihrem Leben Herausragendes geleistet haben, sich dann aber ein Ziel setzten, das sie nie erreichten. Über diese, auf hohem Niveau gescheiterten Helden geht es in diesem Buch.

Sie waren ihrer Zeit weit voraus. Mit ihren Ideen bedrohten sie damalige Konventionen und forderten ihre Kollegen zu heftigen Diskussionen heraus. Die Gründe des Scheiterns sind vielfältig: heftiger Widerstand der damaligen Koryphäen, fehlender Weitblick der Politiker und Geldgeber oder fehlende technische Voraussetzungen.

Oft setzten sich die Ideen erst nach Jahrzehnten oder gar Jahrhunderten durch. Im Fall des antiken Astronomen Aristarch von Samos, der behauptete, die Sonne stehe im Zentrum des Universums und nicht die Erde, dauerte es zwei Jahrtausende. Die Suche nach der »Weltformel«, die Einstein drei Jahrzehnte lang beschäftigte, dauert bis heute an. Ausnahmeforscher wie

Stephen Hawking sind Einstein auf seinem Weg gefolgt, der am Ziel den Heiligen Gral der Physik verspricht.

In den Reigen der genial Gescheiterten gehört auch der Polarforscher Alfred Wegener. Er veröffentlichte 1912 die Theorie der Kontinentalverschiebung und erntete dafür von den Autoritäten nur Hohn und Spott. Er starb auf tragische Weise im grönländischen Eis – drei Jahrzehnte vor der allgemeinen Anerkennung seiner Theorie. Heute gehört sie zum Schulwissen.

Ein ähnlich trauriges Schicksal ereilte den Arzt Ignaz Semmelweis. Er entdeckte, dass das Kindbettfieber auf mangelnde Hygiene bei Ärzten und Krankenhauspersonal beruhte. Fast alle Professoren fühlten sich in ihrer Ehre zutiefst gekränkt, sollten sie doch schuld an dem Tod Tausender Frauen und Kinder sein. Semmelweis beschimpfte daraufhin die »Götter in Weiß« auf nicht eben diplomatische Weise als Mörder. Er starb auf ungeklärte Weise in einer Nervenheilanstalt.

Oder Ludwig Boltzmann, einer der berühmtesten Physiker seiner Zeit, der gegen einflussreiche Forscher leidenschaftlich für die Ansicht kämpfte, die Materie bestehe aus Atomen. Nur wenige Jahre nach seinem Selbstmord wurde diese Hypothese experimentell bestätigt.

Im Bereich der Erfindungen trugen sich viele der hier beschriebenen Schicksale Mitte bis Ende des 19. Jahrhunderts zu. Es war die Zeit der Industrialisierung, die eine wesentliche Neuerung hervorbrachte: die zuverlässige und damit auch technisch verwertbare Erzeugung elektrischen Stroms. In dieser Ära entstanden viele Firmen, von denen sich einige zu Weltkonzernen entwickelten. Dazu zählt Siemens ebenso wie AT&T Bell, die aus der Edison General Electric Company hervorging, oder der Medienkonzern Columbia Broadcasting System (CBS), an dessen Beginn unter anderen die Westinghouse Electric Corporation stand.

In dieser für unsere heutige Zeit entscheidenden Epoche treffen wir auf den Lehrer Philipp Reis. Er entwickelte das Grundprinzip des Telefons, erlebte aber dessen globalen Siegeszug als eines der bedeutendsten Alltagsprodukte nicht mehr. Er starb zu jung, und die Verantwortlichen der Telegrafenbehörden verkannten die Bedeutung seiner Erfindung.

Auch Otto Lilienthal starb zu früh. Er entwickelte die Grundlagen des Gleitflugs, konnte jedoch nicht mehr an dessen Durchbruch teilhaben: Wenige Jahre vor dem Erstflug eines motorisierten Flugzeugs der Gebrüder Wright verunglückte Lilienthal bei einem seiner spektakulären Flugversuche nahe Berlin tödlich.

Zu den unglücklichen Erfindern und Tüftlern zählt ebenfalls der Engländer Charles Babbage. Trotz blendender Voraussetzungen für eine steile Karriere als Hochschulmathematiker widmete er sein Leben nur einem einzigen Ziel: dem Bau einer Rechenmaschine. Er initiierte damit das größte zivile Forschungsprojekt im England des 19. Jahrhunderts und entwickelte Grundprinzipien heutiger Computer, als deren Urvater er gilt.

Bei allen technischen Erfindungen spielte Geld eine entscheidende Rolle. Während Babbage auf staatliche Unterstützung setzte, zog Nikola Tesla mit verblüffendem Geschick den damaligen Millionären wie dem Wall-Street-Tycoon J. P. Morgan oder dem Unternehmer und Gründer der Walldorf-Astoria-Hotels, John Jacob Astor, enorme Geldsummen aus der Tasche. Tesla versank schließlich in einem Meer von Patent- und anderen juristischen Streitigkeiten.

Was waren das für Menschen, die sich einer Aufgabe bedingungslos verschrieben und alles dafür taten, sie zu erfüllen? Die in diesem Buch beschriebenen Helden waren fast ausnahmslos sehr gute bis ausgezeichnete Schüler und Studenten. Heute würde man sie wohl als hochbegabt einstufen. Auffällig oft widersetzten sie sich in jungen Jahren den Berufswünschen der Eltern, die ihren Kindern unbedingt eine Ausbildung mit sicheren Zukunftsaussichten zukommen lassen wollten, zum Beispiel als Jurist. Doch Vorsicht vor dem unzulässigen Umkehrschluss: Nicht alle Jugendlichen, die sich ihren Eltern widersetzen, sind hochbegabt und steuern auf eine große Karriere zu.

Der entscheidende Gedanke, der das Leben der hier vorgestellten Persönlichkeiten bestimmte, setzte sich schon früh in deren Köpfen fest. Lilienthal ließ sich vom eleganten Flug der Störche verzaubern, Wegener wurde beim Blick in einen Atlas stutzig, und Babbage störte sich an dem stupiden und fehleranfälligen Ausrechnen mittels Logarithmentafeln. Kleine Ursache, große Wirkung – wie so oft im Leben.

Auffällig ist auch, dass an einige Erfindungen große Erwartungen zum Erringen eines Weltfriedens geknüpft wurden. So glaubten viele Menschen im 19. Jahrhundert, dass die unmittelbare Kommunikation mit Telegrafen und später Telefonen über alle räumlichen Grenzen hinweg den Dialog zwischen den Völkern verbessern und so auch automatisch in eine Ära des weltweiten Verstehens und des Friedens führen würde. Stattdessen entwickelte sich der Telegraf rasch zu einem militärstrategisch wichtigen Instrument, zuerst im Krimkrieg (1853–1856), dann im amerikanischen Bürgerkrieg (1861 bis 1865), während dem 24 000 Kilometer Leitungen verlegt wurden, und anschließend im deutsch-französischen Krieg 1870/71.

Auch Nikola Tesla dachte an Frieden. Als er seiner Idee von der weltumspannenden Energie nachging, war er davon überzeugt, dass »die vollkommene Aufhebung der Entfernung von allen Errungenschaften der Menschheit am meisten herbeigesehnt wird und den weltweiten friedlichen Beziehungen am förderlichsten wäre«. Und der ohnehin dem Krieg abgeneigte und sozialistischen Ideen nahestehende Otto Lilienthal glaubte, dass Flugzeuge einen Wandel in der kriegerischen Geschichte der Menschheit einleiten können: »Die Grenzen der Länder würden ihre Bedeutung verlieren, weil sie sich nicht mehr absperren lassen … und das zwingende Bedürfnis, die Streitigkeiten der Nationen auf andere Weise zu schlichten als dem blutigen Kämpfen um die imaginär gewordenen Grenzen, würde uns den ewigen Weltfrieden verschaffen.« Grenzen überwinden heißt Frieden schaffen, glaubte man. Im Zeitalter von Interkontinentalraketen und Cyberattacken im Internet sind solche naiven Gleichungen längst passé.

Nicht zuletzt ist das Scheitern beileibe nicht den Großen der Weltgeschichte vorbehalten; es ist eine zutiefst menschliche Erfahrung. Sie gehört zum Leben wie der Erfolg. Auf Künstler trifft dies ganz besonders zu: »Scheitern ist mein täglich Brot«, sagte einmal der Maler Albert Oehlen. Entscheidend ist, wie man mit dem Scheitern umgeht. Lässt man sich entmutigen und kapituliert oder lernt man daraus und geht vielleicht sogar gestärkt aus der Niederlage hervor? »Das Scheitern ist im Grunde ein integraler Bestandteil bei jedem Schaffen«, schrieb die Autorin Tanja Dückers. Die Helden in diesem Buch haben sich nicht unterkriegen lassen, auch wenn sie ihr Ziel nie erreichten. Auf sie trifft eines der berühmtesten Zitate des Scheiterns zu, das der irische Schriftsteller Samuel Beckett in der Erzählung ›Worstward Ho‹ schrieb: »Ever tried. Ever failed. No matter. Try again. Fail again. Fail better – Immer versucht. Immer gescheitert. Einerlei. Wieder versuchen. Wieder scheitern. Besser scheitern.« Und man möchte hinzufügen: ehrenvoll scheitern.

Thomas Bührke, Schwetzingen, Frühjahr 2012

Philipp Reis, um 1883, Stich eines unbekannten Künstlers.

Das Pferd frisst keinen Gurkensalat
Philipp Reis und die Erfindung des Telefons

Im Jahre 1861 ist das unweit von Frankfurt am Main gelegene Friedrichsdorf ein beschaulicher Ort. 700 Einwohner, vier Schulen, eine Apotheke, eine Poststation. Die Hutmacherei und Lederverarbeitung sowie eine Zwiebackbäckerei bilden das wirtschaftliche Rückgrat der Stadt. In der Hauptstraße gleich neben dem Bürgermeister wohnt Philipp Reis, Lehrer an der nahe gelegenen weiterführenden Knabenschule Institut Garnier.

Alles geht seinen gewohnten Gang in Friedrichsdorf, nichts deutet darauf hin, dass Reis gerade dabei ist, ein Gerät zu erfinden, das Jahrzehnte später unser Leben revolutionieren wird: das Telefon. Nur wer genau hinschaut, bemerkt im Hof des Hauses zwei Drähte, die von einer kleinen Scheune ausgehend über einen Zwetschgenbaum gespannt in das Fenster des Wohnhauses führen. Dort befindet sich der erfindungsreiche Lehrer, ein untersetzter Mann von 27 Jahren mit auffällig großem Kopf und breiter Stirn. Schnurrbart, graublaue Augen, das Haar aschblond und streng gescheitelt. Neben ihm stehen Musiklehrer Heinrich Peter, Hofrat Müller, Apotheker Müller sowie der ehemalige Direktor des Instituts Garnier, Schenk. Sie alle versammeln sich um einen Tisch, auf dem eine Geige steht.

Dass es hier nicht um eine Hausmusikstunde geht, ist leicht ersichtlich: In einem der beiden geschwungenen F-Löcher der Violine steckt eine Stricknadel, die mit einem grün isolierten Kupferdraht umwickelt ist. Von einem Ende dieser Spule führt ein Draht zu einem Pol einer Säurebatterie, und von deren anderem Pol geht ein Draht durch das Fenster nach draußen in die Scheune. Vom anderen Ende der Spule führt eine weitere elektrische Leitung über den Zwetschgenbaum hinweg ebenfalls in die Scheune. Dort enden die beiden Drähte in einem aus Holz geschnitzten Ohr – einer vorne, der andere hinten. Das Ohr steht auf einem Tisch, vor dem sich Reis' Schwager Philipp Schmidt platziert hat. Er wartet auf einen Ruf aus dem Hause, dass der Versuch beginnen könne.

Dann kommt der große Moment. Schmidt spricht in das Ohr mehrere Sätze. Nichts historisch Bedeutendes, sondern eher Profanes aus dem ›Turnbuch für die Schulen‹ des Pädagogen Adolf Spieß. Auf wundersame Weise werden in dem hölzernen Ohr die Worte in elektrische Signale umgewandelt. Diese gelangen durch die Drähte hindurch in das Wohnhaus, wo die Spule auf dem Resonanzkörper der Geige geheimnisvoll schnarrt.

Reis lauscht den Worten und teilt sie dann den Umstehenden mit. Musiklehrer Peter ist skeptisch und sagt zu Reis, er könne ja offenbar das gesamte Turnbuch auswendig. Er, Peter, wolle es selbst einmal versuchen. Daraufhin verlässt er das Wohnhaus und geht in die Scheune, um nun selbst einige Sätze in das hölzerne Ohr zu sprechen. »Die Sonne ist von Kupfer« artikuliert er deutlich, was Reis im Wohnhaus als »Die Sonne ist von Zucker« versteht. Und von dem gern zitierten Satz »Das Pferd frisst keinen Gurkensalat« versteht Reis nur den ersten Teil.[1]

Auch wenn es bei dem einen oder anderen Wort Aussetzer gibt, hat Reis allen Anwesenden bewiesen, dass es möglich ist, Sätze und Töne auf elektrischem Weg zu übertragen. Eine unglaubliche Entdeckung. Das gilt für die weisen Worte von Turnvater Spieß und Nonsens-Sätze genauso wie für Musik. Kurz darauf spannt Reis eine Leitung sogar bis ins wenige hundert Meter entfernte Institut Garnier und kontrolliert damit seine Schüler.

An eine kommerzielle Vermarktung des Gerätes, dessen Bezeichnung »Telephon« Reis selbst einführt, ist noch nicht zu denken. Doch ist es Reis' erklärtes Ziel, es so weit zu verbessern, dass es mit einer kleinen Anleitung von jedem bedient werden kann. Zwar verschickt er später zahlreiche Exemplare in alle Welt. Sie gelangen in physikalische Laboratorien von München, Wien, London, Dublin und sogar Tiflis im Kaukasus. Aber dort experimentieren die Direktoren nur mit den wundersamen Geräten, bevor sie in den wissenschaftlichen Apparatesammlungen landen. An einen praktischen Nutzen denkt auch dort niemand.

In Deutschland stößt das »Telephon« im wahrsten Sinne des Wortes auf taube Ohren. Als nicht einmal der Physikalische Verein zu Frankfurt Reis' Erfindung würdigt, tritt dieser enttäuscht aus. Es bleibt ihm auch nicht mehr viel Zeit, seine Erfindung zur Reife zu bringen, denn rund zehn Jahre nach seinem legendären Versuch erkrankt er an Tuberkulose und stirbt nach langem Siechtum im Alter von vierzig Jahren.

Noch auf dem Krankenbett sagt er seinem ehemaligen Lehrer Louis Frédéric Garnier: »Ich habe der Welt eine große Erfindung geschenkt, anderen muss ich es überlassen, sie weiterzuführen.«[2] Tatsächlich wird vor allem der britische Sprachtherapeut Alexander Graham Bell den Siegeszug des Telefons begründen. Reis' Ehefrau Margarethe und ihre zwei Kinder erheben nie finanzielle Ansprüche und leben in bescheidenen Verhältnissen. Erst später spricht ihr das Reichspostamt eine jährliche Beihilfe von 1000 Mark zu.

*

Als Philipp Reis am 7. Januar 1834 im hessischen Gelnhausen zur Welt kam, war auch der Tod nicht fern. Seine Mutter starb bereits ein Jahr später im Alter von nur 23 Jahren, der Vater – Bäcker und Kleinbauer – folgte seiner Frau neun Jahre später. Er wurde nur 39 Jahre alt. Bis dahin kümmerte sich neben dem Vater die Großmutter um Philipp. Sie blieb ihm wegen ihrer Belesenheit und der Gabe, Geschichten erzählen zu kön-

nen, im Gedächtnis. In der Volksschule von Gelnhausen erwies sich der Junge als schlauer Kopf, weswegen ihn die Lehrer zur weiteren Ausbildung auf eine höhere Schule empfahlen. So gelangte er an das Knabeninstitut Garnier im 75 Kilometer entfernten Friedrichsdorf, das zu Philipps neuer Heimat
wurde.

Dort fesselten ihn insbesondere Englisch und Französisch.
Letztere war Umgangssprache, weil Friedrichsdorf von Huge-
notten aus dem Nachbarland geprägt war. Philipp war für sein
Alter sehr klein, aber er lernte leicht und gern, weswegen ihn
alle Lehrer sehr mochten.

Als Philipp mit 14 Jahren den Abschluss erwarb, starb seine
Großmutter, so dass der gesetzliche Vormund, Philipps Paten-
onkel, über sein weiteres Schicksal entscheiden musste. Dieser schickte ihn nach Frankfurt am Main an das Hassel'sche
Institut, wo er nun auch Latein und Italienisch lernte, doch
bald schon begann Philipp sich zunehmend für Naturwissenschaften und Mathematik zu interessieren. Da er hierfür offenbar eine besondere Begabung besaß, empfahlen die Lehrer
eine Überweisung an das Polytechnikum in Karlsruhe. Aber
Philipps Onkel war dagegen. Er bestand darauf, dass der Junge eine Kaufmannslehre absolvierte. Philipp willigte missmu-
tig ein, teilte seinem Onkel aber trotzig mit, er werde später
auf jeden Fall seine wissenschaftlichen Studien fortsetzen.
Das gelang ihm sogar schneller als gedacht.

In der Frankfurter Farbwarenhandlung Beyerbach machte
Philipp seine Ausbildung so gut und gewissenhaft, dass ihm
der Inhaber erlaubte, nebenbei Privatunterricht in Mathematik zu nehmen und wissenschaftliche Vorträge zu hören. Vor
allem aber durfte er sich im Lager der Firma eine kleine Werkstatt einrichten. Hier baute er sich Rollschuhe mit Bleirädern,
mit denen er auf Chausseen spazieren fuhr. Aufsehen erre-
gend dürfte auch ein Veloziped gewesen sein, ein Holzkasten
auf drei Rädern, der sich mit einer Hebelvorrichtung antreiben
ließ. Damit soll er von Frankfurt über Hanau bis nach Geln-

hausen gefahren sein – eine Strecke von mehr als fünfzig Kilometern. Weniger erfolgreich verliefen verständlicherweise die Konstruktionsversuche für ein *perpetuum mobile*.

Schließlich trat der 19-jährige Reis in ein Privatinstitut ein, um sich in den Naturwissenschaften weiterzubilden. In dieser Polytechnischen Vorschule hielt er bald selbst Vorträge, vor allem über geografische Themen. Dies gelang ihm so gut und bereitete ihm so viel Freude, dass er beschloss, Lehrer zu werden.

Mit zwanzig Jahren verließ Reis das Polytechnikum. Zunächst unternahm er mit dessen Leiter eine Reise in die Schweiz, an die er einen Besuch der Industrieausstellung in München anschloss. Bei diesem Unternehmen kam Reis auf seine bahnbrechende Idee. Angesichts einer langen Reihe von Telegrafenmasten durchfuhr ihn der Gedanke, ob es nicht möglich sei, musikalische Töne auf elektrischem Wege zu übertragen. Tatsächlich unternahm er wohl auch einige Versuche dazu. Die waren allerdings wegen unzureichender Physikkenntnisse, wie er selbst später schrieb, zum Scheitern verurteilt.

Den Winter 1854 nutzte Reis für Privatstudien, bevor er bei den hessischen Jägern in Kassel seinen wenig glorreichen Militärdienst leistete. Nach einer Auseinandersetzung mit den Vorgesetzten verließ er das Militär und bezahlte stattdessen lieber einen Ersatzmann. Für den Fortgang der Weltgeschichte war dies allemal die richtige Entscheidung.

Nach weiteren Privatstudien in Frankfurt besuchte Reis im Frühjahr 1858 in Friedrichsdorf seinen ehemaligen Lehrer Garnier. Als er ihm erzählte, er wolle Lehrer werden, bot Garnier ihm umgehend eine Stelle an seinem Institut an. Reis sagte zu. Und da er auch noch das Erbe der Großmutter erhielt, das neben Bargeld dreißig Grundstücke umfasste, war er finanziell abgesichert. Um das Leben vollends abzurunden, fehlte ihm nur noch eine Familie, aber nicht mehr lange: Schon im Herbst 1858 heiratete er Margarethe Schmidt, die Tochter seines Onkels und Vormunds aus Gelnhausen. Und damit auch alles seine Richtigkeit hatte, kaufte er ein Haus in der besten Gegend und setzte noch kurz vor der Hochzeit sein Testament auf, in dem er seine zukünftige Frau und mögliche Kinder als Erben einsetzte. Damit war alles geregelt im Leben des Philipp Reis, und die Geschichte hätte hier enden können – wenn da nicht dieser Drang zum Experimentieren gewesen wäre.

Reis hatte sich in einem Gebäude der Schule ein Laboratorium mit Dreh- und Hobelbank sowie allerlei sonstigem Handwerkszeug eingerichtet. Hier entstand eine Vorrichtung, mit der seine Frau im ersten Stock des Wohnhauses per Fußpedal die Haustür öffnen konnte. Außerdem baute er einen Wassermesser für den großen Brunnen des Ortes, und vermutlich entstand noch vieles andere, was heute verschollen ist. Doch bei all diesen Tüfteleien kam ihm immer wieder seine mittlerweile neun Jahre zurückliegende Idee ins Gedächtnis:»Jugendeindrücke sind aber stark und daher nicht leicht zu verwischen«, notierte er später.»Ich konnte den Gedanken an jenen Erstlingsversuch und seine Veranlassung trotz aller Einsprüche des Verstandes nicht loswerden … Wie sollte ein einziges Instrument die Gesamtwirkung aller bei der menschlichen Sprache bethätigten Organe zugleich reproduzieren?«[3]

Bevor wir Philipp Reis auf dem von ihm eingeschlagenen Lösungsweg folgen, vergegenwärtigen wir uns den Stand der Informationsübertragung zu seiner Zeit. Ende des 18. Jahrhunderts wurden in Frankreich die ersten optischen Nachrichtenstationen errichtet. Das waren hohe Holzmasten mit Querbalken, an deren Enden kleinere, bewegliche Hölzer angebracht waren. Durch Ziehen an Schnüren ließen sich die hölzernen Arme verstellen und verschlüsselte Nachrichten von einem Posten zum nächsten übertragen. Um 1800 gab es lange Nachrichtenlinien, die von Frankreich ausgehend bis nach Norditalien reichten. Auch in anderen europäischen Ländern entstanden solche optischen Telegrafen. Die Nachteile waren offensichtlich: Sie funktionierten weder bei Dunkelheit noch bei schlechter Sicht, und sie waren leicht von jedermann einsehbar – ein gravierendes Problem, da diese »Sendemasten« militärisch-politischen Zwecken dienten.

Nachdem Alessandro Volta 1799 die erste Batterie gebaut hatte, stand erstmals eine leistungsfähige Stromquelle zur Verfügung. Schnell kam die Idee auf, dass man Informationen in Form von elektrischen Signalen übertragen kann. Unterschiedliche Varianten wurden entwickelt, die zunächst unter anderem darunter litten, dass die Signale zu rasch in den Stromkabeln versiegten. Anfängliche Reichweiten von wenigen Kilometern waren unbefriedigend.

Entscheidender Antrieb für die Weiterentwicklung von Telegrafenleitungen war dann die Eisenbahn. Nachdem 1825 in England die erste öffentliche Bahnlinie in Betrieb gegangen war, hielt das Dampfross bald auch in anderen Ländern Europas und in den USA Einzug. Die Telegrafie sollte nun diesen Eisenbahnverkehr regeln. 1836 entwickelt Carl Steinheil in München speziell hierfür einen Fernschreiber. Fast gleichzeitig baute Samuel Morse in den USA einen Telegrafen und kreierte das nach ihm benannte Funkzeichensystem. 1844 beförderte er damit zwischen Washington und Baltimore das erste Telegramm. Danach schritt die Entwicklung rasant voran. In den USA war das Telegrafennetz bis 1866 auf fast 60 000 Kilometer angewachsen.

In Deutschland hatte Werner Siemens einen Zeigertelegrafen entwickelt, dieser bildete die Grundlage seiner Firmengründung. Bald entstanden in Europa nationale Telegrafendienste, so entwickelte sich der 1854 eingerichtete Deutsch-Österreichische Telegrafenverein zum Kern des europäischen Telegrafenverbunds. Spektakulär war auch das erste Unterseekabel, das 1850 zwischen Frankreich und England verlegt wurde. Die erste Transatlantikverbindung ging nach mehreren Fehlschlägen 1866 in Betrieb.

Als sich Philipp Reis mit der Frage plagte, wie sich menschliche Sprache auf elektrischem Wege übertragen ließe, befand sich die Telegrafie also gerade auf ihrem Siegeszug und schien alle Wünsche der schnellen Informationsübertragung zu erfüllen. Doch Reis war das nicht genug, und dann kam er auf den entscheidenden Gedanken: »Wie nimmt unser Ohr die Gesamtschwingungen aller zugleich thätigen Sprachorgane wahr?«[4] In seiner kurzen Autobiografie schrieb er: »Durch meinen Physikunterricht dazu veranlasst, griff ich im Jahre 1860 eine schon früher begonnene Arbeit über die Gehörwerkzeuge wieder auf und hatte bald die Freude, meine Mühen durch Erfolg belohnt zu sehen, indem es mir gelang, einen Apparat zu erfinden, durch welchen es möglich wird, die Funktionen der Gehörwerkzeuge klar und anschaulich zu machen, mit welchen man aber auch Töne aller Art durch den galvanischen Strom in beliebiger Entfernung reproduzieren kann … Ich nannte das Instrument Telephon.«[5]

Wie funktioniert das Ohr, das Reis als Vorbild für sein Telefon nahm? Die Ohrmuschel fängt die Schallwellen auf und leitet sie in den Gehörgang. So gelangen sie zum Trommelfell, eine kreisrunde, hauchfeine Membran, die von den Schallwellen in Schwingungen versetzt wird. Innen am Trommelfell sitzen drei Knöchelchen, die wegen ihrer Form als Hammer, Amboss und Steigbügel bezeichnet werden. Die Schallwellen versetzen das Trommelfell in Schwingungen, die wiederum ein »Aufheben und Niederfallen des Hammers auf den Amboss« auslösen. Diese erschüttern »die Schneckenflüssigkeit, in welcher der Gehörnerv sich ausbreitet«,[6] schrieb Reis.

Neben der Funktionsweise des Gehörs, die damals noch gar nicht ganz entschlüsselt war, beschäftigte sich Reis gleichzeitig mit dem Problem, wie sich Schallwellen physikalisch darstellen lassen. So stellte er sich die Frage, wie es möglich ist, dass wir mehrere, gleichzeitig eintreffende Töne getrennt wahrnehmen können. Dies ist eine bis heute nicht gänzlich geklärte Frage. Reis beantwortete sie sich qualitativ mit einer Überlegung, die schon 1822 der französische Physiker Jean Fourier mathematisch gelöst hatte: Jede beliebig geformte

Welle oder Schwingung lässt sich durch Überlagerung von mehreren Sinusschwingungen darstellen. »Er wurde nie überdrüssig, unzählige Kurven von Klängen anzufertigen, um darzulegen, wie nötig es sei, dass der Tongeber diesen graphischen Darstellungen folgen müsse, ehe man eine perfekte Sprachwiedergabe erreichen könne«,[7] erinnerte sich später Reis' ehemaliger Schüler Rudolph Messel.

Und so machte sich Reis daran, gewissermaßen ein elektrisches Ohr zu bauen. Dafür schnitzte er aus Holz eine Ohrmuschel, die den Schall auffing und nach innen in einen Kanal reflektierte, der auf der Rückseite offen war. Dort spannte er eine Haut auf, die er aus einer Hasen- oder Schweinsblase gewann. Auf der Rückseite dieses künstlichen Trommelfells klebte er ein Platinblättchen, das sich in ganz geringem Abstand zu einem Platindraht befand. Blättchen und Draht bildeten gleichsam Hammer und Amboss, die einen Stromkreis öffneten und schlossen, wenn die Membran in Schwingungen versetzt wurde. Eine Batterie lieferte die nötige Spannung.

Dieses künstliche Ohr war der Sender, man könnte auch sagen: das Mikrofon. Der in diesem Stromkreis befindliche Empfänger bestand aus einer metallenen Stricknadel, die von einem mit Seide isolierten Draht umwickelt war. Sie bildete eine Spule um die Stricknadel, die ihrerseits durch das Aus- und Einschalten des Stromkreises wechselnd magnetisiert wurde und sich bewegte. Physiker sprechen von Magnetostriktion. Diese Bewegung übertrug sich auf die Geige, in der die Spule steckte, und diese brachte als idealer Resonanzkörper die in das Ohr gesprochenen Worte mehr oder weniger deutlich wieder hervor.

Reis hat seine Experimente nicht in einem Laborbuch beschrieben. Sein erster Biograf, der englische Physiker Silvanus Thompson, sammelte später Augenzeugenberichte, die ein ungefähres Bild nachzeichneten. So erinnerte sich Reis' ehemaliger Schüler Ernst Horkheimer, dass viele hundert Membranen bei den Versuchen zerrissen und ausgetauscht wurden. Einmal ersetzte Reis die Membran sogar durch eine dünne Metallfolie, doch brachte dies keine Qualitätsverbesserung. Das gelang erst später Alexander Graham Bell.

Der Lautsprecher funktionierte wohl etwas besser, wenn er die Spule nicht in einem der s-förmigen Löcher der Geige, sondern am Steg befestigte. Doch schon bald rangierte Reis die Geige ganz aus und brachte die Spule mit zwei Metallstangen auf einem Holzkasten an, der als Resonanzkörper diente. Damit übertrug er Sätze und gesungene Melodien vom Institut Garnier zu seinem Wohnhaus. Auch das hölzerne Ohr vereinfachte er bald zu einem schlichten Trichter, an dessen kleinen Ausgang er die Membran mit dem Stromaufnehmer spannte.

Mit der weiterentwickelten Form des Telefons fuhr Reis am 26. Oktober 1861 nach Frankfurt, um es dem Physikalischen Verein vorzuführen. Diese von naturwissenschaftlich interessierten Bürgern gegründete Institution hatte ihr Gebäude unmittelbar neben dem heutigen Senckenberg-Museum und kann in gewisser Weise als Keimzelle der späteren Universität gesehen werden. Reis war seit seiner Frankfurter Zeit Mitglied im Physikalischen Verein.

Reis stellte den Empfänger in dem gut besuchten Hörsaal auf und installierte das Mikrofon in einem rund hundert Meter entfernten Nachbargebäude. Offenbar gelang die Übertragung von nicht zu laut gesungenen Melodien recht gut, während gesprochene Worte weniger deutlich erkennbar waren. Reis beendete seinen Vortrag denn auch mit den Worten, dass bis zur praktischen Verwertung des Telefons noch viel zu tun übrig bliebe. Dennoch muss die Vorführung einen bleibenden Eindruck hinterlassen haben, denn Rudolph Christian Boettger, der im Physikalischen Verein den Lehrstuhl für Physik und Chemie innehatte, sah es als durchaus möglich an, dass man irgendwann in der Lage sein würde, über Hunderte von Kilometern hinweg telefonieren zu können.

Reis beließ es jedoch nicht bei der Vorführung des Apparates, sondern lieferte auch eine Einführung in die Entstehung und physikalische Darstellung von Tönen, wobei er sich auf Autoritäten wie Hermann von Helmholtz berief. Drei Wochen später hielt er an derselben Stelle einen Vortrag über »Wahrnehmung der Akkorde und der Klangfarben«. Dies zeigt, dass Reis nicht nur Tüftler und Erfinder war, sondern sich um eine grundlegende physikalische Erklärung aller Vorgänge bemühte, die mit der Technik des Telefons zusammenhingen.

Die neue Erfindung sprach sich herum, und so durfte Reis am 11. Mai 1862 vor dem Freien Deutschen Hochstift in Frankfurt darüber referieren. Auch hier verlief die Vorführung nicht so gut wie erhofft. Dennoch waren die Zuhörer beeindruckt. Sie verliehen Reis daraufhin die Meisterwürde, eine besondere Auszeichnung der freien wissenschaftlichen Institution. Bedeutend sollte später noch der Umstand werden, dass im Auditorium der preußische Telegrafeninspektor Wilhelm von Legat saß. Auch er war sich bewusst, dass das Telefon »noch eines erheblichen Fortbaues bedürfe«, wagte aber die Prognose, dass eine praktische Verwertung »noch in unserem intelligenten Jahrhundert nicht ausbleiben« würde.[8]

Angespornt von diesen ersten öffentlichen Auftritten setzte Reis nun alles daran, sein Telefon zu verbessern. Insgesamt entwickelte er zehn bis zwölf unterschiedliche Mikrofone und vier Empfängertypen. 1863 stellte er eine Version vor, die mittlerweile sehr funktionsfähig und robust war. Das Mikrofon bestand nun aus einem würfelförmigen Holzkasten. An einer Seite war ein kurzes Metallrohr mit erweitertem Mundstück angebracht. Sprach man in das Mundstück hinein, so wurde eine im oberen Deckel des Kastens angebrachte Membran zum Schwingen gebracht. Wieder dienten zwei Platinelektroden als Strommodulierer. Außerdem hatte Reis eine Taste angebracht, mit der er den Stromkreis mechanisch öffnen und schließen konnte, um dem Angerufenen das Signal zu geben, dass er zum Sprechen bereit sei. Das entspricht dem heutigen Klingelton. Als Empfänger diente weiterhin die Stricknadelspule auf einem Holzkasten. Als zusätzlichen Resonanzkörper hatte er einen Deckel angebracht, so dass sich die Spule nun im Innern der Kiste befand.

Bemerkenswerterweise entwickelte Reis auch die interessante Variante des elektromagnetischen Empfängers: Er umwickelte zwei Magneten mit einem Draht und befestigte sie parallel nebeneinander auf einem Resonanzboden. Vor den beiden Enden hing ein bewegliches Metallplättchen, das an einem Metallrahmen angebracht war. Zwischen diesem Plättchen und den Elektromagneten blieb ein millimeterdünner Luftspalt. Floss nun der vom Mikrofon kommende modulierte Strom durch den Elektromagneten, so wurde das Plättchen in schneller Folge angezogen und von einer rückwärtig angebrachten Spiralfeder wieder zurückgezogen. Diese Schwingung übertrug sich auf den Resonanzboden, der die Töne des Senders wiedergab.

Im Juli 1863 führte Reis die Variante mit dem Stricknadelempfänger auf einer Holzkiste erneut im Physikalischen Verein vor – dieses Mal offenbar mit mehr Erfolg. »Diese neuen Apparate können nun auch von jedermann mit Leichtigkeit gehandhabt werden und gehen mit großer Sicherheit«,[9] schrieb Boettger. »Selbst Wörter können sich die Experimentierenden mittheilen, jedoch nur solche, die von ihnen schon oft gehört seien«, schränkte er ein.

Reis war mit der Qualität seines Telefons nun so zufrieden, dass er es ab August 1863 verkaufte. Die Herstellung übertrug er einem Instrumentenbauer in Frankfurt. Das kritischste Bauteil und Schwachpunkt war die Membran, die je nach Temperatur und Feuchtigkeit ihre Straffheit veränderte. Deswegen bestand Reis darauf, dass nur er diese Membran vor dem Versand einbaute. Der Käufer erhielt das Gerät zusammen mit einer Gebrauchsanleitung je nach Qualität für 14 bis 21 Gulden. Zum Vergleich: Reis' Monatsgehalt als Lehrer betrug 65 Gulden.

Erstaunlicherweise dachte Reis nie daran, das Telefon zur Kommunikation einzusetzen. Dafür hätte man auch zwei Ge-

räte kaufen müssen. Er suchte nach wissenschaftlicher Anerkennung und sah in seinen Geräten neue Experimentiermög-
lichkeiten und wertvolle Exponate für technische Sammlun-
gen. Auf diese Weise gelangten seine – im Übrigen nicht pa-
tentgeschützten – Telefone in die Labore von Wissenschaftlern in aller Welt, die weiter mit ihnen experimentierten und
sie teilweise auch verbesserten. So fanden sich Reis-Telefone
unter anderem in England, Irland, Russland und um 1865
auch in den USA. Schon 1862 soll auf der Weltausstellung in
London ein Nachbau zu sehen gewesen sein. Doch kehren wir
nach Friedrichsdorf zurück.

Die wissenschaftliche Anerkennung blieb Reis versagt. Er
reichte zwei wissenschaftliche Abhandlungen bei den renom-
mierten ›Annalen der Physik und Chemie‹ ein, doch beide Male lehnte der Herausgeber Johann Christian Poggendorf die
Veröffentlichung ab, obwohl er selbst bei einer Vorführung anwesend war. Poggendorf hielt die Ausführungen für Spielerei.
Lediglich Wilhelm von Legat nahm sich der Sache an und ver-
fasste eigene Aufsätze über Reis' Experimente, die er Reis zur
Durchsicht schickte und dann in der ›Zeitschrift des Deutsch-
Österreichischen Telegraphenvereins‹ publizierte. Einer davon
fand 1863 auch Aufnahme in ›Dingler's Polytechnischem
Journal‹. Dies war deswegen von Bedeutung, weil Alexander
Graham Bell diesen Aufsatz gesehen hat. Ansonsten erschie-
nen lediglich in den wenig beachteten Jahresberichten des
Frankfurter Physikalischen Vereins Abhandlungen über seine
Vorträge.

Am 21. September 1864 präsentierte Reis sein Telefon ein
letztes Mal vor Wissenschaftlern – immerhin auf der namhaften Versammlung der Gesellschaft Deutscher Naturforscher
und Ärzte in Gießen. Doch das Interesse ließ offenbar nach,
und als sogar der Physikalische Verein Reis' Erfindung nicht
mehr würdigte, trat er aus dem Verein aus. Eine Vorführung
auf der Homburger Gewerbeausstellung im Juli 1867 brachte
ihm noch eine Meldung im ›Taunusboten‹ ein, dabei blieb es.

Enttäuscht stellte Reis seine Experimente ein und widmete sich ausschließlich seinem Beruf.

Viel Zeit blieb ihm ohnehin nicht mehr. Im Frühjahr 1873 erkrankte er an Tuberkulose – einer quälenden Krankheit, der wahrscheinlich schon seine Eltern erlegen waren. Selbst als er schon zu schwach war, um ins nahe gelegene Institut zu gehen, unterrichtete er seine Schüler noch bei sich im Wohnhaus. Den Krankheitserreger entdeckte Robert Koch erst zehn Jahre später, daher wussten die Ärzte von der Ansteckungsgefahr noch nichts. Ab Neujahr 1874 war Reis so geschwächt, dass er nur noch sehr leise sprechen und nicht mehr aus dem Bett aufstehen konnte. Am 14. Januar wurde er von seinem Leiden erlöst. Die Beerdigung fand ohne großes Aufsehen auf dem nahe gelegenen Friedhof statt; wenig später errichtete der Physikalische Verein einen Grabstein mit einem Medaillonbild und der Inschrift: »Seinem verdienstvollen Mitgliede, dem Erfinder des Telephons«.

Damit endet die Geschichte vom Erfinder des Telefons. Doch die Geschichte von der Erfindung des Telefons sollte erst noch beginnen. Ihr Anfang liegt weitgehend im Dunkeln und wird deutlich von nationalen Interessen geprägt. Den Anspruch auf den »wirklichen Erfinder des Telefons« erheben heute Franzosen, Italiener, Deutsche und US-Amerikaner. Klar ist jedenfalls, dass die Erfindung in der Luft lag, wobei die Telegrafie den Anlass zu Ideen gab, Sprache auf elektrischem Weg zu übertragen. Der Physiker Hermann Helmholtz sagte 1863, die Telegrafie sei für die moderne Gesellschaft das geworden, was das Nervensystem für den einzelnen Menschen sei.

Im Jahre 1854 schlug der Franzose Charles Bourseuil einen Apparat vor, bei dem man gegen eine biegsame Metallplatte sprach und diese dadurch in Schwingungen versetzte. Diese Schwingungen sollten einen Stromkreis abwechselnd öffnen und schließen. Der so modulierte Strom sollte dann beim Empfänger eine zweite Platte zum Schwingen bringen und die

Töne wiedergeben. Bourseuil gelang es aber nicht, einen funktionierenden Fernsprecher herzustellen.

Weiter gediehen waren dagegen die Versuche des Unternehmers Antonio Meucci. Der in der Nähe von Florenz geborene Chemiker und Mechaniker war in die USA ausgewandert und hatte dort eine Kerzenfabrik gegründet. Im Jahre 1854 erkrankte seine Frau so schwer an Rheuma, dass sie das Bett nicht mehr verlassen konnte. Daraufhin baute Meucci einen Apparat, mit dem er von seinem Büro aus mit ihr Kontakt halten konnte. Angeblich demonstrierte er ihn in New York, doch ist darüber nur wenig bekannt. Er selbst beschrieb 1857 in einer italienischsprachigen Zeitung von New York die Funktionsweise so: »Es besteht aus einer schwingenden Membran und einem Magnet, der von einem umgebenden Draht elektrifiziert wird. Wenn die Membran schwingt, variiert der Magnet den Strom in dem Draht. Sobald diese Änderungen das Ende des Drahtes erreicht haben, erzeugen sie ähnliche Schwingungen in einer Empfangsmembran, welche die Worte wiedergibt.«[10] Allerdings hat Meucci nie eine wissenschaftlich detaillierte Abhandlung darüber veröffentlicht, und keines seiner Geräte ist erhalten geblieben. Als seine Fabrik pleiteging und er durch Spekulationen sein Vermögen verloren hatte, besaß er nicht genügend Geld, um sein Telettrofono, wie er es nannte, patentieren zu lassen. Er konnte lediglich ein vorläufiges Patent beantragen, das er ständig erneuern musste. Als ihm dafür die nötigen zehn Dollar fehlten, lief das Patent 1873 aus. Das sollte Folgen haben.

Schon 1844 hatte der italienische Erfinder Innocenzo Manzetti angeblich beschrieben, wie man einen sprechenden Telegraphen bauen könne. Doch erst 1865 – also nach Reis – baute er sein Gerät und stellte es der Presse vor. Demnach konnte man damit über eine Strecke von einem halben Kilometer kommunizieren. Manzetti beantragte jedoch nie ein Patent.

In diese undurchsichtige Gemengelage von Ideen und Geräten platzte Alexander Graham Bell. Er präsentierte 1876 auf der Weltausstellung in Philadelphia sein Telefon, das er kurz zuvor bereits hatte patentieren lassen. Bell ging als Erfinder dieses Apparates in die Geschichte ein und legte den Grundstein für dessen Siegeszug. Aus seiner 1877 gegründeten Firma Bell Telephone Company ging 1885 AT&T hervor, das zum weltgrößten Telefonkonzern aufstieg.

Der 1847 im schottischen Edinburgh geborene Bell war Sprachtherapeut und beschäftigte sich mit Taubstummen. Nachdem er mit seinen Eltern zunächst nach Kanada ausgewandert war, übernahm er 1873 eine Professur für Sprechtechnik und Physiologie der Stimme an der Universität Boston. Ähnlich wie Reis beschäftigte er sich ausführlich mit der Physik der Tonwahrnehmung.

Irgendwann muss Bell von dem Reis'schen Telefon erfahren haben, die große Frage, wann dies zum ersten Mal war, lässt sich aber nicht eindeutig beantworten. Jedenfalls hat er die Fachliteratur ausführlich studiert. So zitierte er 1877 in einer Veröffentlichung fast zwanzig »Vorerfinder« des Telefons, und er kannte drei Veröffentlichungen zu den Reis'schen Versuchen, darunter die von Legat. Vielleicht verstand er nicht alle Details der in Deutsch verfassten Veröffentlichung, aber allein die Konstruktionszeichnungen verrieten sehr viel. Wann Bell erstmals ein Reis'sches Telefon zu Gesicht bekam, ist ebenfalls unklar. Er selbst sagte später vor Gericht aus, er habe im November 1874 erstmals einen »Reis-Empfänger zu hören und zu sehen bekommen«.[11] In seinem 1908 erschienenen Buch behauptete er, das Reis-Telefon sei nicht sprechfähig gewesen.

Das Grundprinzip von Bells Telefon entsprach dem von Reis, wobei Bells geniale Idee darin bestand, Sender und Empfänger auf identische Weise zu konstruieren. Sie setzten sich jeweils aus einer biegsamen Metallmembran und einem Hufeisenmagneten zusammen, der mit einer Drahtspule umwickelt war. Die beim Sprechen erzeugten Schalldruckwellen setzten die Membran in Schwingungen, die sich auf das Magnetfeld übertrugen. Dadurch änderte sich die Stärke des anfangs gleichmäßig fließenden elektrischen Stroms. Dahinter steckt das physikalische Gesetz der Induktion. Das Signal ging durch die Drahtverbindung zum Empfänger, wo der umgekehrte Vorgang stattfand und die schwingende Metallmembran die Töne hörbar machte.

Als Bell für diesen Apparat am 14. Februar 1876 das Patent erteilt wurde, profitierte er von einem wenige Jahre alten Beschluss, dass man beim Patentantrag kein funktionierendes Modell vorweisen musste. Sein erstes Exemplar funktionierte nämlich nicht. Erst wenige Monate später konnte er auf der Weltausstellung in Philadelphia sein Telefon erfolgreich präsentieren. Bell hatte es mit dem Patent so eilig, weil er von Konkurrenten wusste. Nur zwei Stunden nach Bell reichte der amerikanische Handwerker und Erfinder Elisha Gray ein vorläufiges Patent für ein Flüssigkeitsmikrofon und einen elektromagnetischen Hörer ein – zu spät.

Nun ging es Schlag auf Schlag. Nachdem sich das Potenzial dieser Erfindung abzeichnete, kam es zu einem der größten Patentstreits in der Geschichte mit rund 600 Verfahren. Lediglich der Streit um die Erfindung des Computers kann in dieser Hinsicht mithalten.

Allerdings wies Bells Apparat dasselbe Problem auf wie der von Reis: Gesprochene Worte wurden nicht deutlich genug wiedergegeben. Dies änderte sich 1878, als Thomas Alva Edison das Kohlemikrofon erfand. Darin fließt der elektrische Strom durch eine mit Kohlekörnern gefüllte Dose, deren Oberseite mit einer dünnen Papiermembran verschlossen ist. Treffen Schalldruckwellen auf die Membran, so werden die Körner zusammengepresst. Damit erhöht sich ihre Leitfähigkeit. Entsteht umgekehrt ein Unterdruck, verringert sich die Leitfähigkeit, und es kann weniger Strom fließen. Dieser modulierte Strom gelangt dann durch die Telefonleitung, wo – wie gehabt – eine Membran die Töne wiedergibt.

Bell ging aus der Patentschlacht als endgültiger Sieger hervor. Im März 1888 sprach ihm der Oberste Gerichtshof der

USA in Boston die alleinige Priorität des Telefons zu, nachdem er dort den Erfindereid geschworen hatte, nach seinem Wissen der Ersterfinder zu sein. In der Urteilsbegründung heißt es süffisant: »Es geht mit demselben [dem Reis-Telefon] wie mit den tauben und schwerfälligen Schülern des Professors Bell, welche wohl sprechen, aber nicht hören konnten … Ein ganzes Hundert von Erfindern wie Reis würde durch bloße Konstruktionsverbesserungen ein sprechendes Telefon nicht hervorgebracht haben.«[12] Wer also war der Erste?

In Frankreich erklärte man natürlich Bourseuil 1889 zum Erfinder des Telefons, was ihm neben einer Ehrung eine monatliche Rente von 1200 Francs einbrachte. In den USA sprach im Jahr 2002 das amerikanische Repräsentantenhaus Meucci dieses Privileg zu. Der – vermutlich italoamerikanische – Abgeordnete Vito Fossella hatte diesen Antrag eingebracht »für alle Amerikaner italienischer Abstammung, die dazu beigetragen haben und noch dazu beitragen werden, dieses Land zum größten Land in der Weltgeschichte zu machen …«[13] Die Entscheidung fiel nach vierzig Minuten – und blieb folgenlos, sieht man einmal von einigen entsetzten Kommentaren, wie dem des letzten Biografen von Alexander Graham Bell, Robert Bruce, ab. Er meinte, Meuccis Erfindung sei nicht besser gewesen als die von zwei Getränkedosen, die man mit einer Schnur verbindet.

In Deutschland feiern wir selbstverständlich Philipp Reis als den Erfinder des Telefons. Tatsache ist, dass sich die Funktionsweise seiner Telefone wesentlich besser beurteilen lässt als die von Meucci oder gar Manzetti, von denen kaum nachprüfbare Zeugnisse vorliegen. Außerdem entspricht die von ihm entwickelte Technik weitgehend derjenigen der Bell-Telefone. Letztlich waren diese aber wohl wegen der Metallmembran zuverlässiger.

Vielleicht halten wir es am ehesten mit einer wissenschaftlich ausgewogenen Beurteilung: »Beantworten kann man lediglich die Frage, welche Schritte von welchem Erfinder getan wurden, um das Telefon zu einer für praktische Zwecke brauchbaren Sprachübertragung zu bringen.«[14] Demnach hat Reis das Kontaktmikrofon und den magnetostriktiven Hörer erfunden, Bell lieferte den elektromagnetischen Hörer mit Druckkammer und Edison das Kohlemikrofon.

Charles Babbage, Ölbild von Samuel Laurence, London.

Logarithmentafeln so billig wie Kartoffeln
Charles Babbage und der erste Computer

Am Abend des 21. Juni 1833 fahren vor dem Haus in der Dorset Street 1 im vornehmen Westen Londons reihenweise Kutschen vor, denen elegant gekleidete Paare entsteigen. Der Mathematiker und Philosoph Charles Babbage hat wieder zu einer seiner beliebten Soireen geladen. Nicht nur in London, sondern im gesamten Königreich ist man begierig, eine Einladung zu erhalten. Mitglieder der gehobenen Gesellschaft unterschiedlicher Profession versammeln sich bei ihm. Neben berühmten Wissenschaftlern, wie dem Astronomen John Herschel oder dem Physiker Charles Wheatstone, geben sich der Schriftsteller Charles Dickens oder der damalige Bühnenstar William Charles Macready ebenso die Ehre wie etwa der Herzog von Wellington oder der Schatzkanzler Marquis of Lansdown.

Babbage hat sich nicht nur als Mathematiker einen Namen gemacht, sondern ist auch politisch in Erscheinung getreten, zum Beispiel bei einer großen parlamentarischen Wahlrechtsreform. Dabei hat er sich beileibe nicht nur Freunde geschaffen. Mehrfach hat er heftig gegen das wissenschaftliche Establishment gewettert und insbesondere die Unfähigkeit der Royal Society gebrandmarkt, was verständlicherweise nicht überall auf große Gegenliebe stieß.

Vor allem aber ist er von einer Sache geradezu besessen: von Automaten. Er hat große Visionen von der Automatisierung der Arbeit, vergisst darüber aber keinesfalls die sozialen Auswirkungen auf die Handwerker und die Arbeiterklasse. Seine ökonomischen Schriften zur Entwicklung der Arbeitswelt und des Kapitalismus stoßen auf großes Interesse. Später auch bei Karl Marx. Doch zurück in die Dorset Street.

Die meisten Gäste unterhalten sich prächtig und greifen am Buffet herzhaft zu. Doch in einen der vielen Räume verirren sich nur wenige. Dort steht eine Maschine, deren Sinn und Zweck und vor allem Funktionsweise schleierhaft ist. Das metallene Wunderwerk besteht aus einer unübersehbaren Zahl von Stangen und Zahnrädern, die zu einem kompakten Apparat von der Größe eines Überseekoffers zusammengefügt sind. Geduldig erklärt Babbage interessierten Gästen seine »Differenzmaschine« – einem von ihm erdachten Rechenautomaten.

Rund zehn Jahre lang hat er akribisch daran gearbeitet, Konstruktionspläne gezeichnet, eine völlig neue mechanische Notation erfunden, mit Instrumentenmachern diskutiert und unablässig um die Finanzierung gekämpft. Das Ergebnis steht nun in seinem Haus – allerdings nur als Demonstrationsmodell, einer verkleinerten Version. Der endgültige Automat würde aus rund 25 000 Teilen bestehen, wäre gut zweieinhalb Meter hoch, zwei Meter breit und einen Meter tief gewesen und hätte circa 15 Tonnen gewogen. Auf dem Papier hat Babbage ihn schon lange fertig konstruiert, und ohne Frage würde er zu den faszinierendsten intellektuellen Errungenschaften des 19. Jahrhunderts zählen. Doch die Differenzmaschine wird Theorie bleiben.

An jenem Abend im Juni befinden sich zwei außergewöhnliche Damen in Dorset House: die ehemalige Gemahlin des legendären Dichters Lord Byron und deren Tochter Ada. Allein diese Verwandtschaft verleiht Mutter und Tochter einen geheimnisvollen Nimbus. Die 17-jährige Ada ist eine aufgeweckte junge Frau, die sich unter anderem für Mathematik begeistert und darin eine exzellente Privatausbildung erhalten hat.

Ausgerechnet diese junge Dame interessiert sich brennend für die seltsame »Denkmaschine«, wie Lady Byron das Ungetüm nennt. »Während andere Besucher die Funktion dieses wunderbaren Instruments mit einem Gesichtsausdruck, ich wage sogar zu behaupten, mit einem Gefühl betrachteten, das so mancher Wilde beim Anblick eines Spiegels oder der erstmaligen Wahrnehmung eines Gewehrschusses empfunden haben mag … durchschaute Miss Byron, jung wie sie war, ihre Funktionsweise und vermochte die Schönheit der Innovation gebührend zu würdigen«, beschreibt später Lady Byrons Freundin Sophia de Morgan die Szene.[1] Ada ist von Babbages Maschine so begeistert, dass es zu einer fruchtbaren Zusammenarbeit zwischen den beiden kommen wird.

Obwohl es sich bei der Maschine nur um ein Demonstrationsmodell handelt, kann sie durchaus rechnen. Dafür muss Babbage eine Kurbel an der Seite der Maschine drehen, und schon setzen sich die Walzen und Zahnräder in Bewegung. Das Schnurren der Lager und Räder, das Klacken der Umsetzhebel und Zifferräder muss auf die Zuschauer faszinierend wirken, auch wenn sie überhaupt nicht verstehen, was dieses Ding genau tut. Auch Mutter Byron macht sich so ihre Gedanken: »Sie erhob mühelos mehrere Zahlen in die zweite und dritte Potenz und zog alsdann die Wurzel einer quadratischen Gleichung – ich vermochte jedoch kaum mehr als einen verschwommenen Einblick in die grundsätzlichen Prinzipien zu gewinnen, nach denen die Maschine arbeitet«, schreibt sie später in ihr Tagebuch.[2]

Nicht immer geht es dabei für Babbage so erfreulich zu, und seine Geduld wird das eine oder andere Mal auf eine harte Probe gestellt. So will eine Dame nach der Vorführung von Babbage nur noch eines wissen: »Wenn Sie die Frage falsch eingeben, kommt dann die Antwort richtig heraus?« Der Mann hat es wirklich nicht leicht. Babbages Bekannte, die Ökonomin Harriet Martineau, rechnet ihm die bewahrte Ruhe hoch an: »Von da an habe ich alle Zeit und Aufmerksamkeit, die er den weiblichen Besichtigern seiner Maschine widmete, als Opfergaben einer genuin gutartigen Natur gewertet.«[3]

Doch trotz aller Bewunderung für die Maschine und ihren Genius: Es bleibt bei der Demonstrationsversion, der Rechenautomat wird nie komplett gebaut werden. Babbage stellt die Arbeiten 1834 ein. Bis dahin hat er 17 470 Pfund ausgegeben – zwanzig Mal mehr, als die 1831 gebaute Dampflokomotive »John Bull« gekostet hat!

Babbage träumt seinen Traum von der Rechenmaschine bis zu seinem Tod. Fast vierzig Jahre lang erarbeitet er eine Serie von Entwürfen, doch hergestellt wird kein einziges Zahnrad mehr. Doch sein Erfindergeist ist damit nicht erstickt, und theoretische Arbeiten kosten lediglich das Papier. In den folgenden Jahren entwirft Babbage einen noch »intelligenteren« Automaten, den er »Analytische Maschine« nennt. Diese sollte mit Lochkarten programmiert werden und mechanische Elemente enthalten, wie sie in modernen Computern in elektronischer Form arbeiten: voneinander separierte Rechenwerke und Speicher. Auch einen Drucker entwickelt der unermüdliche Tüftler.

Nach seinem Tod im Jahre 1871 geraten seine Arbeiten weitgehend in Vergessenheit, erst im Computerzeitalter wird man wieder auf ihn und Ada aufmerksam. Seitdem gilt Charles Babbage als Urvater des Computers.

Lange Zeit diskutierten Fachleute darüber, ob Babbages Differenzmaschine überhaupt funktioniert hätte. Doch, sie hätte. Im Jahre 1985 entschloss sich eine Gruppe von Wissenschaftlern am Science Museum in London, den Apparat nachzubauen. Nach sechs Jahren, genau rechtzeitig zu Babbages 200. Geburtstag, war er fertig. Und er lief. Noch heute tut er dort seine Dienste und wie schon damals: sehr zum Erstaunen des Publikums.

*

Als Charles Babbage am zweiten Weihnachtstag des Jahres 1791 das Licht der Welt erblickte, war es um ihn wohlbestellt. Sein Vater Benjamin war ein vermögender Bankier und Kaufmann, der ein schönes Haus in Walworth besaß. Damals lag dieses Anwesen noch inmitten von Feldern, heute ist es ein Stadtteil von London südlich der Themse. Die Babbages gehörten zu einem alteingesessenen Geschlecht, das in dem Dreieck zwischen Totnes, Dartmouth und Teignmouth lebte.

Das Leben war damals auch für die bessere Gesellschaft nicht immer einfach, die hohe Kindersterblichkeit machte vor niemandem halt. So gebar Charles' Mutter Betty zwei Jungen, die schon im Säuglings- beziehungsweise im Kindesalter starben. Nur seine sieben Jahre jüngere Schwester Mary Anne blieb der Familie erhalten und überlebte Charles um mehrere Jahre.

Als Charles eine kleine Schule in Enfield besuchte, zeigte sich ein Charakterzug, der später für ihn – wie im Übrigen auch für viele andere berühmte Wissenschaftler – entscheidend werden sollte: die Freude am Lernen mit Hilfe von Büchern. Die Schule verfügte über eine ansehnliche Bibliothek, in der sich Charles nach interessanter Lektüre umsah. Obwohl dort zahlreiche Werke standen, die für Jungs in seinem Alter normalerweise uninteressant waren, zog er »manchen Vorteil aus dieser Bibliothek«, wie er sich später erinnerte.[4] Insbesondere fesselte ihn ein Buch über Algebra. Der Eifer ging so weit, dass er gemeinsam mit einem Freund morgens um drei Uhr aufstand, im Schulzimmer Feuer machte und dann zwei oder drei Stunden Mathematik lernte, bis das Frühstück bereitet wurde und der Unterricht begann. Aus einem Jungen mit solchem Eifer musste etwas werden.

Nachdem Benjamin Babbage sich 1803 aus den Geschäften zurückgezogen hatte, kaufte er ein neues Haus auf den Klippen oberhalb von Teignmouth. Hier verbrachte Charles seine Jugend, und hier offenbarte sich auch seine zweite Neigung, nämlich das Bauen von Maschinen. Allerdings hätte ihn das erste Experiment fast das Leben gekostet. Kein Wunder, er wollte auf dem Wasser laufen.

»Mein Plan war, an jedem Fuß zwei durch Gelenkbänder eng miteinander verbundene Bretter an der Schuhsohle zu befestigen. Meiner Theorie zufolge würden sich durch das Anheben des Beins (wie beim Laufen) die beiden Bretter zueinander hin öffnen, und das Wasser würde beim Hinabdrücken des Fußes zwischen den Brettern hindurchströmen, so dass diese sich zu einer ebenen Fläche schließen und dem Hinabsinken im Wasser großen Widerstand entgegensetzen würden.«[5] Mit diesen Wasserflügeln ausgerüstet versuchte Charles auf dem nahen Fluss Teign zu laufen. Anfangs funktionierte die Apparatur sogar halbwegs, doch dann verwickelten sich die Bänder, und Charles musste das tun, was im Wasser üblich ist: schwimmen. Dabei hatte er die Strömung erheblich unterschätzt und konnte sich nur mit Mühe und völlig erschöpft ans Ufer retten. Dennoch fand er die Apparatur ganz praktikabel, gestand aber: »Wenn ich später im Wasser war, vertraute ich jedoch lieber auf meine eigenen, nicht verstärkten Kräfte.«[6]

Mit den Früchten eines ungezügelten Eigenstudiums in Mathematik vorbelastet ging Charles mit 19 Jahren ans Trinity College in Cambridge. Doch seine hohen Erwartungen an die altehrwürdige Institution, die durchaus für Mathematik berühmt war, wurden rasch enttäuscht. Die Lehrer konnten ihm nicht viel beibringen, weswegen er sich weiter auf das Studium eigener Lektüre stürzte. In wenigen Tagen arbeitete er ein Werk über Differential- und Integralrechnung durch. Wie nicht anders zu erwarten, tauchten dabei einige Fragen auf, mit denen er sich an mehrere Dozenten wandte. Nachdem ihm keiner weiterhelfen konnte, erfüllte ihn eine »starke Abneigung gegen die dortige Studienroutine und er verschlang die Arbeiten von Euler und anderen Mathematikern«.[7]

Der Fachbereich Mathematik war ganz offensichtlich in einem erbärmlichen Zustand, was die Dozenten aber kaum belastete. Doch dann startete Babbage eine Aktion, die die Gelehrten unangenehm wachrüttelte. Es ging um einen alten Zwist zwischen Isaac Newton und Gottfried Wilhelm Leibniz. Die beiden hatten sich im 17. Jahrhundert einen erbitterten

Streit um die Erfindung der Differentialrechnung geliefert. Dabei verwendeten beide auch unterschiedliche Schreibweisen. Während Newton für die Ableitung einer Funktion als mathematisches Symbol einen Punkt über die Funktion setzte, schrieb Leibnitz davor ein d. Selbstverständlich blieben die britischen Mathematiker beim Punkt, was aber nach Babbages Auffassung unpraktisch war. Das war keine Haarspalterei, sondern eine Frage der Weiterentwicklung der Mathematik. Auf dem europäischen Kontinent verwendete man das Leibniz'sche d, was nach Ansicht des Mathematikers Anthony Hyman ein Grund dafür war, dass die »kontinentaleuropäische Mathematik einen raschen Aufschwung nahm«.[8]

Babbage meinte es mit seiner Kritik absolut ernst und gründete mit einigen Mitstreitern die Analytische Gesellschaft, um »das Evangelium des d zu verkünden«. Bei dieser Kampagne lernte er unter anderem John Herschel kennen, dem er sein Leben lang eng verbunden bleiben sollte. Die Professoren nahmen die Analytische Gesellschaft nicht ernst, was aber nichts daran ändern konnte, dass sich die Leibniz'sche Notation langsam aber sicher auch in England durchsetzte.

Das Studium in Cambridge verlief für Babbage abgesehen von dem Gerangel um das d entspannt, aber irgendwann stellte sich die Frage nach einem Beruf. Die Mathematik versprach nichts Gutes, aber »eine kirchliche Laufbahn einschlagen kann ich nicht«, schrieb er Herschel. »Es ist ziemlich egal, was es ist; nur sollte es nicht zu viel körperliche Anstrengung erfordern.«[9] Doch für irgendetwas musste er sich entscheiden: Bergbau, Chemie? Er wusste es nicht. Sein Vater überwies ihm jährlich 450 Pfund. Davon konnte er bequem leben, aber er strebte finanzielle Unabhängigkeit vom Vater an, den er für »ungewöhnlich versessen aufs Geld« beschrieb und dessen Anwesenheit »eine Atmosphäre des Schweigens und der Bedrücktheit hervorrief«.[10] Der Vater hielt nichts von der brotlosen Kunst seines Sohnes, die ihm seiner Meinung nach nie das Geringste einbringen würde. Es gab noch einen weiteren

Grund, weswegen Charles eine Arbeit benötigte: In Teignmouth hatte er sich in eine hübsche junge Dame namens Georgiana Whitmore verliebt. 1814 heirateten die beiden.

Um in der Wissenschaftsszene Fuß zu fassen, zog das junge Paar 1815 nach London in die Devonshire Street 5. Schnell gelang es Babbage, Zugang zur Royal Institution zu erhalten, wo er eine Vorlesungsreihe über Astronomie hielt. Gleichzeitig veröffentlichte er einige mathematische Arbeiten, so dass er schon im März 1816 auf Vorschlag von John Herschel und anderen Freunden zum Mitglied der Royal Society gewählt wurde. In den folgenden fünf Jahren veröffentlichte er mehrere grundlegende Arbeiten zur Algebra und Funktionentheorie, die ihn bald als einen der begabtesten Mathematiker des Landes auswiesen.

Ein prägendes Erlebnis war eine Reise nach Frankreich, die er mit John Herschel unternahm. Den beiden Gelehrten eilte ihr Ruf voraus, so dass die größten wissenschaftlichen Koryphäen des Kontinents sie empfingen. In Paris besuchten sie den überragenden Mathematiker Pierre Simon Laplace sowie die Physiker Dominique François Arago und Jean-Baptiste Biot. Den größten Einfluss auf Babbages späteres Wirken sollte aber der heute weniger bekannte Gaspard François de Prony haben, *der* Brückenbauingenieur des Landes. De Prony hatte im Auftrag der Regierung das größte Zahlenwerk der damaligen Zeit herausgegeben, eine 17-bändige Sammlung logarithmischer und trigonometrischer Tafeln. Der enorme Rechenaufwand hatte de Prony auf den Gedanken gebracht, eine Arbeitsteilung einzuführen. Fast hundert Mathematiker und einfache »Rechenknechte« wurden in drei Gruppen eingeteilt, die jede ihre ganz spezielle Aufgabe hatte – geistige Fließbandarbeit gewissermaßen. Daran sollte sich Babbage später erinnern, als er die Analytische Maschine konstruierte.

Als er nach England zurückkehrte, war er um eine wichtige Erfahrung reicher, aber eine Arbeit hatte er dennoch nicht. Dies wurde immer dringender, angesichts einer fröhlich wachsenden Familie. Im August 1815 war der erste Sohn zur Welt gekommen, den sie Benjamin Herschel tauften. Bis 1827 folgten sieben weitere Sprösslinge, von denen aber insgesamt nur drei das Kindesalter überlebten.

Mit der Arbeitsstelle wurde es nichts, aber dafür gründete Babbage zusammen mit seinem Freund Herschel und einem Dutzend weiterer Mitstreiter 1820 die Astronomical Society. Das legendäre Prozedere vollzog sich in lockerer Atmosphäre in einer Freimaurerschenke. Erster Präsident wurde der größte Astronom seiner Zeit, John Herschels Vater Friedrich Wilhelm. Babbage war einige Jahre Schriftführer der Gesellschaft, doch dann erforderte eine andere Aufgabe seine ganze Kraft: Konstruktion und Bau der Rechenmaschine.

Der erste Gedanke dazu war ihm bereits im Jahre 1812 oder 1813 gekommen, als er noch in Cambridge studierte. Eines Abends, so erinnerte er sich später, brütete er in der Bibliothek über einer Logarithmentafel, als ein Kommilitone den Raum betrat und ihn fragte: »Nun, Babbage, wovon träumen Sie?« Darauf erwiderte er: »Ich denke daran, dass all diese Tafeln … von Maschinen berechnet werden könnten.«[11]

Maschinen und Automaten hatten Babbage schon als Kind fasziniert. Als er noch klein war, besuchte er einmal mit seiner Mutter eine Ausstellung von mechanischen Apparaturen. Als der Erfinder John Joseph Merlin Charles' Interesse bemerkte, lud er die beiden in seine Werkstatt ein. Dort fesselten den Jungen zwei etwa 35 Zentimeter große silberne Figuren. Die eine war eine Tänzerin, auf deren Arm ein Vogel saß, der mit dem Schwanz wippte, seine Flügel ausbreitete und den Schnabel öffnete. Die Tänzerin bewegte sich auf eine höchst faszinierende Art und Weise.

Viel später, im Jahre 1834, stieß Babbage zufällig wieder auf die silberne Tänzerin und erstand sie für den nicht unerheblichen Betrag von 35 Pfund. (In den 1820er Jahren entsprach dies seinem Etat eines ganzen Monats.) Er brachte sie wieder in Schuss und stellte sie in seinem Haus aus. Auf den

Abendgesellschaften in Dorset House war sie die Attraktion, nicht die Differenzmaschine.

Babbages prophetischer Ausspruch aus der Bibliothek blieb zunächst folgenlos, bis zum Jahre 1820 oder 1821. Die Astronomische Gesellschaft hatte Babbage und Herschel damit beauftragt, bestimmte Tabellen berechnen zu lassen. Die beiden gaben diesen Auftrag an zwei Gruppen weiter, die unabhängig voneinander dieselbe Tabelle fertigstellen sollten. Doch als die beiden die Ergebnisse verglichen, war die Enttäuschung groß: Die Zahlenwerte enthielten eine Reihe von Unstimmigkeiten. Daraufhin äußerte Babbage seinem Freund gegenüber den Wunsch, »es gäbe ein dampfgetriebenes Rechnen«.[12]

Umfangreiche Tafelwerke waren damals in vielen Bereichen des Lebens von großer Bedeutung, vor allem in der Navigation auf See. Immer wieder ereigneten sich Schiffsunfälle, weil die Tafeln fehlerhafte Werte enthielten. Gerade für eine Seefahrernation wie das Vereinigte Königreich wäre eine Maschine, die absolut fehlerfrei rechnen kann, von großer Bedeutung gewesen. Nur eine einzige vermiedene Havarie konnte den Entwicklungsaufwand rechtfertigen. Der Gedanke an einen »dampfgetriebenen Rechenautomaten« ließ Babbage nicht los. Fieberhaft arbeitete er an einem Konzept. Voraussetzung war, dass die Maschine jeden Wert einer Funktion schnell und fehlerfrei berechnen kann. Multiplikationen und Divisionen lassen sich jedoch, wie Babbage sofort klar war, nur sehr schwer mechanisch bewerkstelligen. Er musste also das relevante mathematische Problem auf die beiden einfachsten Grundrechenarten Addition und Subtraktion zurückführen. Erstaunlicherweise ist das möglich, wie ein einfaches Beispiel zeigt.

Die Folge n^2 von Quadratzahlen lautet für n = 1, 2, 3, 4, 5, 6, 7, 8 … wie folgt: 1, 4, 9, 16, 25, 36, 49, 64 … Bildet man nun die Differenz von jeweils zwei aufeinanderfolgenden Quadratzahlen, so erhält man die folgende Reihe: 3, 5, 7, 9, 11, 13, 15 … Rechnen wir erneut die Differenz dieser Differenzzahlen aus, so ergibt sich konstant die Zahl 2. Dies funktioniert für alle Polynome der Form n^p: Führt man p-mal die Differenzen aus, so bleibt am Ende immer eine konstante Zahl übrig. Diese erstaunliche Erkenntnis wollte Babbage nutzen, um einen Rechenautomaten zu konstruieren. Doch wie ließ sich dieses Gesetz in einen mechanischen Vorgang umsetzen?

Was Babbage benötigte, war ein Mechanismus, der schrittweise die Differenzreihen einer vorgegebenen Funktion ausrechnete, diese am Ende anzeigte und letztlich auch ausdruckte. Anfangs erwog Babbage unterschiedliche mechanische Realisierungen. Eine Möglichkeit sah vor, dass jede einzelne Ziffer auf einem Metallstreifen aufgezeichnet war und diese Streifen dann über ein Stangenwerk bewegt wurden. Diese Methode hatte sich bei der Steuerung des Stundenschlags von Uhren bewährt. Doch für einen Rechner eignet sie sich nicht so gut, weil bei Subtraktionen und Additionen Überträge auf eine neue Zehnerstelle vorkommen, die ebenfalls mechanisch erfasst werden mussten. Das ließ sich nach Babbages Schlussfolgerung am besten mit Zahnrädern realisieren.

Am praktikabelsten erschien ihm letztlich die Lösung, bei der die Ziffernfolge von 0 aufsteigend bis 9 auf dem Rand je eines Zahnrades eingraviert wurde. Mehrere dieser Zahnräder wurden dann auf einer Achse montiert. Letztlich bestand die Maschine aus mehreren Achsen, auf denen jeweils mehrere Zahnräder untergebracht waren. Auf der ersten (rechten) Achse wurden die Zahnräder von Hand in eine Ausgangsposition gedreht, so dass die gewünschte Ziffernfolge von einem vor der Maschine stehenden Betrachter erkennbar war. Das unterste Ziffernrad stand für die Einer, das darüber befindliche für die Zehner und so weiter. Die anderen Achsen enthielten genauso viele Ziffernräder und dienten zur Berechnung der Differenzen. Dafür sorgte ein ausgeklügelter Steuermechanismus. Der Zehnerübertrag erfolgte nach Babbages eigener Beschreibung so: »Zwischen der 9 und der 0 gab es einen vorstehenden Zahn. Ging ein Rad bei einer Addition von 9 zu 0 über, so legte der vorstehende Zahn einen bestimmten Hebel um …

Anschließend machte ein Hebelarm die Runde, der so konstruiert war, dass beim Wiederzurücklegen der Hebel der von ihnen angezeigte Übertrag zur nächsthöheren Ziffer ausgeführt wurde. War diese Ziffer eine 9, so wurde beim Übergang zur 0 erneut der Hebel angehoben und so weiter. Durch spiralförmige Anordnung der Hebelarme rund um eine Achse wurden so die Überträge sukzessive ausgeführt.«[13] Angetrieben wurde diese Maschinerie mit einer Kurbel. Zunächst sollte ein Mensch diese drehen, doch in der endgültigen Ausführung sah Babbage eine Dampfmaschine dafür vor.

Begeistert von seiner Idee arbeitete er fieberhaft an den Konstruktionsplänen. Mit einem genialen räumlichen Vorstellungsvermögen ausgestattet durchdachte er den Mechanismus immer wieder aufs Neue, fertigte eine Skizze nach der anderen an, verwarf Fehlentwürfe, ersann Verbesserungen. Seine Arbeitswut kannte keine Grenzen mehr, doch eines Tages war er einem Zusammenbruch nahe. Daraufhin verordnete ihm sein Hausarzt eine strikte Auszeit, die Babbage im Hause seines Freundes Herschel verbrachte.

Kaum war er wieder zu Hause, setzte er sich erneut ans Werk, bis die Pläne endlich perfekt waren. Nun musste er sie in eine richtige Maschine umsetzen. Babbage besaß – für einen Gentleman keinesfalls üblich – eine Drehmaschine und wusste sie auch zu bedienen. Doch ihre Präzision reichte nicht aus, weswegen er die Bauteile bei Handwerkern herstellen ließ. Aus Sorge, ihm könne jemand seine Idee stehlen, beauftragte er mehrere Dreher und setzte die Einzelteile am Schluss selbst zusammen.

Im Laufe des Jahres 1822 hatte er ein Modell seiner Differenzmaschine fertig. Es besaß mit drei Achsen und jeweils sechs Zahnrädern wesentlich weniger Bauteile als die endgültige Rechenmaschine, aber sie funktionierte. Es muss ein erhebender Moment gewesen sein, als Babbage zum ersten Mal das Uhrwerk schnurren ließ und die Hebel mit einem metallischen Klacken die Zehnerüberträge vornahmen.

Doch es war nur ein Modell, an dem man das Ergebnis einer Rechnung an den Zifferrädern ablesen und aufschreiben musste. Letztlich sollte die Differenzmaschine aber Tabellenwerke nicht nur berechnen, sondern auch ausdrucken. Es lag also noch ein weiter Weg vor ihm, das war Babbage klar. Doch wenn er geahnt hätte, was ihn wirklich erwartete, hätte er sich vielleicht doch wieder seiner geliebten Mathematik gewidmet.

Als Erstes brauchte er Geld. Und seine Hoffnung, die Royal Society würde sich für sein Projekt erwärmen, ging bald in Erfüllung: Das Vorhaben wurde als »in hohem Maße förderungswürdig« eingestuft, so dass ihm der britische Schatzkanzler prompt tausend Pfund genehmigte – mit Aussicht auf weitere Zahlungen. Begeistert schrieb Babbage seinem Freund Herschel, dass sie »in ein paar Jahren neue ... feststehende Logarithmentafeln haben, die billig sind wie Kartoffeln«.[14] Neben der Kostenersparnis stand für Babbage vor allem die absolute Fehlerfreiheit der Tabellen im Vordergrund, die zur Sicherheit in der Schifffahrt beitragen sollten.

Mit frischem Geld versorgt machte sich Babbage umgehend an den Bau des Automaten. Hierfür engagierte er zunächst einen erstklassigen Präzisionswerkzeugmacher namens Joseph Clement. Neben einer weiteren Ausarbeitung der Pläne für den Rechenautomaten musste er sich Gedanken über die Druckmaschine machen. Auch hier durchdachte er verschiedene Möglichkeiten, am besten geeignet erschien ihm letztlich eine Variante, die unseren ehemaligen Typenrad-Schreibmaschinen entspricht. Auf einem oder mehreren Rädern waren profilartig Ziffern aufgebracht. Diese Räder wurden von der Rechenmaschine so gesteuert, dass sie das Ergebnis einer Rechnung Ziffer für Ziffer in eine weiche Gipsmatrize druckten. War der Gips ausgehärtet, diente er als Form für das Gießen einer Druckplatte.

Babbage dachte sich das nicht allein in seinem stillen Kämmerlein aus. Er wusste, dass in Betrieben Maschinen liefen, von denen er einiges lernen konnte. So bereiste er 1823 zusammen mit seiner Frau England und Schottland und besichtigte eine Reihe unterschiedlicher Firmen. Wieder zurück in London widmete er sich den Konstruktionsplänen. Deren Komplexität wuchs von Tag zu Tag, bis er den Überblick zu verlieren drohte. Schließlich reichte es nicht aus, die Maschine als statisches Gebilde zu zeichnen, sondern er musste die nacheinander ablaufenden Operationen im Detail festhalten. Das war nur noch möglich, indem er eine neue technische Schreibweise erfand. Ähnlich wie die Pläne der Rechenmaschine durchlief auch die Entwicklung dieser technischen Notation eine beständige Wandlung. Am Ende stand ein äußerst leistungsstarkes Werkzeug, das für die Weiterentwicklung der Ingenieurskunst, zum Beispiel zur Darstellung von Schaltsystemen, bedeutend war. Sie vereinte drei Funktionen: eine Systematik zur Anfertigung technischer Zeichnungen, eine Angabe von Zeitdiagrammen und die Darstellung von Schaltzusammenhängen in Form von logischen Diagrammen.

Als hätte Babbage mit dieser Aufgabe nicht schon genug zu tun gehabt, engagierte er sich auch noch auf ganz anderen Gebieten. So beauftragte man ihn damit, eine neue Lebensversicherungs-Gesellschaft zu organisieren. Zwar zerschlug sich die Angelegenheit, aber das Konzept bildete später die Grundlage für die neue Gothaer Lebensversicherung. Bis dahin war sein Leben sowohl in wissenschaftlicher als auch in privater Hinsicht glücklich verlaufen, doch dann kam das Schicksalsjahr 1827. Im Februar starb sein Vater, der seinen Sohn im Testament reichlich bedachte, so dass dieser von diesem Zeitpunkt an finanziell unabhängig war. Schon fünf Monate später starb sein Sohn Charles. Babbage hatte kaum Zeit, sich von dem Schock zu erholen, als seine geliebte Frau Georgiana schwer erkrankte. Nur wenige Wochen nach Charles starb auch sie.

Von diesen Schicksalsschlägen erholte Babbage sich nur langsam. Als wollte er den schrecklichen Erinnerungen entfliehen, unternahm er eine ausgedehnte Europareise. Sie begann in den Niederlanden, verlief weiter durch Belgien und

Deutschland nach Italien. Als er in Florenz weilte, erreichte ihn ein Brief aus der Heimat. Darin bot man ihm völlig unerwartet den ehrwürdigen Lucasischen Lehrstuhl für Mathematik in Cambridge an, den schon Newton innegehabt hatte. Nach langem Zögern nahm er an. Doch eine Lehrveranstaltung hat er dort nie gehalten. Ein wohl einzigartiger Fall.

Auf dem Rückweg aus Italien kam es für ihn in Berlin zu einer denkwürdigen Begegnung mit Alexander von Humboldt, der gerade einen großen Kongress organisierte. Als dieser am 18. September 1828 in einem der großen Theater eröffnet wurde, trafen viele Größen aus der Wissenschaft wie Gauß und Örstedt ein, aber auch Angehörige des Königshauses und ausländische Botschafter besuchten die Veranstaltung. Babbage war überwältigt von der großen Anteilnahme und vor allem von der Wertschätzung der Wissenschaft gegenüber. Etwas Vergleichbares hatte er bis dahin nicht erlebt.

Zurück in England stürzte er sich gleich in mehrere Unternehmen. Wohl noch unter dem Einfluss des brillanten Berliner Kongresses machte er als Erstes seiner Empörung über die Royal Society Luft. Ihr Präsident Davies Gilbert hatte sich in Intrigenspiele verstrickt, Protokolle gefälscht, Geldmittel verschleudert und die Wahl der Mitglieder sowie die Vergabe von Ehrenmedaillen nach persönlichen Sympathien vollzogen. Babbages beißende Kritik gipfelte in dem 1830 erschienenen Buch ›Betrachtungen über den Verfall der Wissenschaft und einige seiner Ursachen‹, in dem er ganz konkret die Missstände in der Royal Society geißelte und von Gilbert behauptete, er habe die Macht eines Despoten an sich gerissen. Keine Frage, dass die Schrift wie eine Bombe einschlug. Gilbert trat daraufhin von seinem Posten zurück, damit hatte die Gesellschaft die Chance, sich zu erneuern.

Einmal in Fahrt gekommen, trat Babbage auch auf politischer Ebene auf. Nach dem Tod von König Georg IV. im Jahr 1830 wurden allerorts Stimmen laut, die politische Veränderungen forderten. Babbage organisierte den Wahlkampf des liberalen Universitätsgelehrten aus Cambridge William Cavendish. Er engagierte sich mit ganzem Herzen und vertrat dabei auch eigene politische Ansichten. Für ihn bestand eine der zentralen Umwälzungen des Landes darin, dass in zunehmendem Maße Maschinen in die Arbeitswelt einzogen. Babbage sah darin eine positive Entwicklung, denn von der Automatisierung erhoffte er sich einen Aufschwung seines Landes.

Auf seinen Reisen im Vereinigten Königreich hatte Babbage eine Fülle von Fabriken besucht und sich sowohl mit deren Besitzern als auch mit Technikern, Ingenieuren und Arbeitern unterhalten. Standesdünkel waren ihm fremd. Dabei hatte er viel über ökonomische Zusammenhänge gelernt und diese 1832 in seinem Werk ›Zur Ökonomie des Maschinen- und Manufakturwesens‹ zusammengefasst. Das Buch war ein Lobgesang auf die Maschine, gleichzeitig diskutierte er darin die sozialen Verhältnisse und wie sich diese mit zunehmender Automatisierung verändern. So sagte er voraus, dass die Betriebe immer größer werden würden, die Überlegenheit des kapitalistischen Systems stellte er dabei nicht in Frage. Mit diesem Werk machte sich Babbage einen Namen, es hatte Einfluss auf die Nationalökonomen John Stuart Mill und Karl Marx, der Babbages Werk in seinen eigenen Schriften mehrfach zitierte.

Babbages politisches Engagement ging sogar so weit, dass er sich 1832 selbst als Kandidat für einen neu gegründeten Wahlkreis im Norden Londons aufstellen ließ. Zum Glück wurde er nicht gewählt, so dass er sich wieder seiner Differenzmaschine widmen konnte. Doch es traten Schwierigkeiten auf. Er hegte den Verdacht, dass sein Techniker Clement neue Drehbänke und andere Spezialwerkzeuge auf Babbages Kosten anfertigen und seiner eigenen Werkstatt einverleiben würde. Allerdings war diese Praxis bei vergleichbaren Projekten durchaus üblich. Außerdem waren die tausend Pfund von der Regierung rasch aufgebraucht, so dass Babbage die weiteren Bauteile aus eigener Tasche bezahlte. Als tatkräftiger Unterstützer erwies sich bald der damalige Premierminister, der

Herzog von Wellington. Auf dessen Geheiß überwies das Schatzamt zwischen April 1829 und Februar 1830 in drei Tranchen insgesamt 7500 Pfund – eine enorme Summe. Damit stellte sich für Babbage die Frage: Wem gehört die Maschine überhaupt? Er strebte eine Lösung an, in der sie zum Staatseigentum erklärt würde. Geld verdienen wollte er damit keinesfalls, nicht einmal Patentrechte wollte er geltend machen.

Nächste Frage: Wo sollte das Großprojekt entstehen? Nach langem Abwägen entschied man sich dafür, auf seinem eigenen Grundstück an Dorset House angrenzend ein Gebäude zu bauen. Die neue Werkstatt erstreckte sich über zwei Stockwerke mit jeweils 17 Metern Länge. Im Jahre 1832 baute Clement schließlich ein Demonstrationsmodell der Maschine zusammen und brachte es in das Wohnhaus, wo Babbage es seinen Besuchern vorführen konnte.

Es war also alles in bester Ordnung, doch dann gab es Streit mit Clement, der mehr Geld verlangte und sich außerdem einem Umzug in die Werkstatt von Dorset House widersetzte. »Der Widerwille und Ärger über die ganze Geschichte bringen mich fast um«,[15] klagte Babbage einem Angestellten im Schatzamt. Dort war man sich uneins über die weitere Förderung des Projekts. Nichts passierte, seine Enttäuschung nahm täglich zu. Dem Herzog von Somerset schrieb er, England sei das Land, »dessen regierende Kreise am unfähigsten sind, den Wert der technischen beziehungsweise mathematischen Dinge zu begreifen«.[16] Er fühlte sich als einsamer Bewohner eines Landes, das den Wert der Maschine völlig unterschätzte.

1834 eskalierte der Streit mit Joseph Clement. Der verärgerte Ingenieur trennte sich von Babbage und nahm die Spezialwerkzeuge mit. Damit war das damals mit Abstand größte staatlich geförderte private Forschungsprogramm faktisch gestorben, auch wenn die Regierung es erst 1842 offiziell für beendet erklärte. Bis dahin hatte Clement knapp die Hälfte der insgesamt 25 000 benötigten Bauteile fertiggestellt. Die meisten wurden später eingeschmolzen. Die Demonstrationsversion der Differenzmaschine übergab Babbage dem Staat, der sie schließlich im Wissenschaftsmuseum in South Kensington ausstellte.

Doch der mittlerweile 43-Jährige wäre nicht Babbage gewesen, hätte er jetzt aufgegeben. Im Oktober 1834 brütete er wieder über den Plänen seiner Differenzmaschine, als ihm eine Idee kam: »Es könnte möglich sein, den Mechanismus einen weiteren Vorgang zu lehren, und zwar den, etwas vorherzusehen.«[17] Damit meinte er nicht die Fähigkeit, die Zukunft vorhersagen zu können, sondern eine Rechnung in der Weise zu erweitern, dass die Ergebnisse von Rechenoperationen bei Beginn späterer Operationen wieder eingespeist werden konnten. Diese bedingte Verzweigung ist bis heute von zentraler Bedeutung in der Informatik. Babbage sprach bildhaft von der Maschine, die sich selbst in den Schwanz beißt.

Die Grundzüge seiner neuen Analytischen Maschine hatte er rasch fertig, doch für die genauere Ausarbeitung und das Durchdenken der Details benötigte er weitere zwei Jahre. In dieser Zeit entwickelte er wesentliche Charakteristika, die wir noch heute in elektronischer Form in Computern vorfinden: Rechenwerk, Speicher und Ausgabegerät. Bei diesem Aufbau hatte sich Babbage an de Pronys Aufgabenteilung bei der Berechnung seines monumentalen Tabellenwerkes erinnert.

Die erstaunlichste Erfindung aber hatte er dem Handwerk abgeschaut, nämlich dem Webstuhl des Joseph Maria Jacquard. Ein Webstuhl bringt in einem Tuch Muster ein, indem er nach einem bestimmten zeitlichen Takt hölzerne Schiffchen bewegt, die verschiedenfarbige Fäden zum Einsatz bringen. Jacquard war es gelungen, die Schiffchen mit Lochkarten zu steuern. Hierfür band er viele Karten zu einer Kette zusammen und ließ diese über ein mechanisches Lesegerät laufen. Das wiederum steuerte den Einsatz der Schiffchen. Es gibt ein seidengewebtes Porträt von Jacquard, für dessen Herstellung 24 000 Lochkarten erforderlich waren. Als Babbage 1840 nach Turin reiste, machte er eigens in Lyon Halt, um einen Jacquard'schen Webstuhl in Aktion zu sehen. Dort überreichte man ihm auch eine Kopie des Jacquard-Porträts.

Innerhalb von zwei Jahren arbeitete Babbage das Lochkartenkonzept in beeindruckender Weise aus. Schließlich sollte es drei Zwecken dienen: Mit Zahlenkarten konnte er Konstanten wie die Kreiszahl π in die Rechenmaschine eingeben, Variablenkarten legten unter anderem fest, auf welcher Achse die Konstante abgelegt werden sollte, und Operationskarten bestimmten, welche Rechenart an welcher Stelle ausgeführt wurde. In dieser Hinsicht zeichnete sich die Analytische Maschine gegenüber der Differenzmaschine in einem entscheidenden Punkt aus: Sie konnte nicht nur addieren und subtrahieren, sondern auch multiplizieren und dividieren. Letztlich sollte die Analytische Maschine in der Lage sein, fünfzigstellige Zahlen zu hundertstelligen Ergebnissen zu verarbeiten.

Tag für Tag arbeitete Babbage das Konzept weiter aus, zehn bis elf Stunden am Tag. Ein Gehilfe erinnerte sich später, er habe ernstlich geglaubt, Babbage fange an, den Verstand zu verlieren. Die gesamte Konstruktion erfolgte ausschließlich auf dem Papier, denn für mechanische Modelle war selbstredend kein Geld vorhanden. Angesichts des Debakels bei seiner Differenzmaschine gab er sich auch keinen großen Hoffnungen hin. 1841 schrieb er an Humboldt, es bestehe keine Aussicht, dass die Maschine zu seinen Lebzeiten jemals gebaut würde. Es war ihm klar, dass er mit der Entdeckung der Analytischen Maschine seinem Land und, wie er fürchtete, seinem Zeitalter weit voraus war.

In dieser Phase trat eine junge Dame in sein Leben: Ada Lovelace. Sie hatte Babbage bei der eingangs geschilderten Soiree kennengelernt und den Kontakt mit ihm nicht abbrechen lassen. Ada war eine bemerkenswerte, wenngleich menschlich nicht immer ganz einfache Person. Ihr Leben lang befürchtete ihre Mutter, der exzessive Charakter ihres Vaters Lord Byron könne bei ihr zum Vorschein kommen. Dabei hatte Ada ihren Vater nie bewusst wahrgenommen, denn ihre

Mutter hatte sich schon knapp ein Jahr nach Adas Geburt von Byron getrennt. Ada litt ihr Leben lang unter Krankheiten und besaß ein sehr sprunghaftes Wesen, das sie hin und wieder zu einer maßlosen Selbstüberschätzung neigen ließ. Im Jahre 1835 hatte sie den späteren Earl of Lovelace geheiratet und zwei Kinder bekommen. Die klassische Rolle als Mutter und Ehefrau genügte ihr jedoch nie. Sie bezeichnete sich oft selbst als schlechte Mutter und widmete sich lieber anderen Dingen, zum Beispiel der Mathematik.

Über die Jahre hinweg hatte sie Babbages Arbeit an der Differenzmaschine verfolgt, bis sie ihm 1841 plötzlich ihre Mitarbeit anbot: »Ich glaube mich im einzigartigen Besitz einer einzigartigen Kombination von Qualitäten«, schrieb sie ihm. »Erstens: Einer Besonderheit meines Nervensystems habe ich es zu verdanken, dass ich einige Dinge wahrnehmen kann, die niemand sonst erkennt … Zweitens: mein immenser Verstand. Drittens: meine Fähigkeit zur Konzentration.«[18]

Babbage blieb jedoch zurückhaltend, bis sich wenig später unerwartet eine Gelegenheit zur Kooperation ergab. Er war nach Turin gereist, um dort bei einem Treffen italienischer Naturforscher über seine Analytische Maschine vorzutragen. Der dort anwesende Militäringenieur (und spätere Ministerpräsident Italiens) Luigi Menabrea war von Babbages Ausführungen so angetan, dass er einen Aufsatz über die Analytische Maschine in französischer Sprache verfasste und in einem wissenschaftlichen Journal veröffentlichte.

Ada las den Aufsatz und hatte die Idee, ihn ins Englische zu übersetzen. Mit Unterstützung des Physikers Charles Wheatstone gelang ihr dies in kurzer Zeit. Als Babbage den Aufsatz durchsah, war er begeistert und ermunterte Ada, noch eigene Gedanken, die sie ihm gegenüber wohl geäußert hatte, beizusteuern. Das Ergebnis war ein gänzlich neuer Artikel, in dem Adas Anmerkungen mehr als zwei Drittel ausmachten.

Ihre Ergänzungen waren ganz unterschiedlicher Art. So schmückte sie Erklärungen gerne mit Bildern aus, wie: »Am treffendsten können wir sagen, dass die Analytische Maschine algebraische Muster webt, gerade so wie der Jacquard'sche Webstuhl Blätter und Blüten.«[19] Und in geradezu visionärer Weise glaubte sie, die Maschine könne nach »allen Regeln der Kunst gehorchende Musikstücke von beliebiger Komplexität und Länge komponieren«.[20] Außerdem deutete Ada an, dass Babbage letztlich nicht nur eine Maschine ansteuerte, die »numerische Resultate«, sprich Tabellenwerke ausrechnen, sondern auch »algebraische Resultate in Buchstabennotation« liefern könne. Allerdings würde der Bau einer solchen Maschine einen Aufwand erfordern, der in keinem Verhältnis zu den zu erwartenden Vorteilen stünde. Diese vagen Andeutungen zeigen jedoch, zu welchen geistigen Höhenflügen Babbage angesetzt hatte. Höhepunkt von Adas Anmerkungen war jedoch ein Programm zur Berechnung der Bernoulli-Zahlen, anhand dessen sie die Fähigkeiten der Maschine exemplarisch darstellte. Diese von dem Schweizer Mathematiker Jakob Bernoulli 1712 eingeführte unendliche Zahlenreihe ließ sich verwenden, um die trigonometrischen Funktionen Tangens und Cotangens näherungsweise zu berechnen – ein Standardverfahren für das Erstellen nautischer Tafelwerke und dementsprechend von großem praktischen Interesse.

Adas Programmierprogramm gilt aus heutiger Sicht als wegweisend. Aber sowohl ihre Arbeit als auch wesentliche Teile von Babbages Errungenschaften gingen verloren. Die Computerpioniere des 20. Jahrhunderts entwickelten ihre Konzepte ohne Kenntnis von Adas Vorarbeiten. Erst viel später wurden diese wiederentdeckt.

Adas Biografen und Biografinnen haben Ende des 20. Jahrhunderts leidenschaftlich und kontrovers über die Frage diskutiert, wie groß ihr mathematisches Können wirklich war. Ohne Frage aber war sie eine bemerkenswerte Frau mit außergewöhnlichen Fähigkeiten. In späteren Jahren durchlitt sie eine schwere private Krise, in der sie der Wettsucht verfiel, Ehebruch beging und sich zunehmend ihren Kindern entfremdete. Schließlich starb sie qualvoll im Alter von nur 37 Jahren an Gebärmutterkrebs. Auch für Babbage, den sie als Testamentsvollstrecker auserkoren hatte, war dies ein schwerer Schlag. Ihr zu Ehren wurde in den 1980er Jahren eine Programmiersprache Ada genannt.

Babbage arbeitete ununterbrochen weiter an seiner Analytischen Maschine. 1843 füllten seine technischen Zeichnungen 400 bis 500 großformatige Blätter, wie er in einem Artikel im ›Philosophical Magazine‹ schrieb. Nebenbei machte er sich zum Beispiel Gedanken über die Frage, ob man einen Automaten dazu bringen könne, gegen einen Menschen ein Brettspiel zu führen – und zu gewinnen. Anfänglich interessierte ihn daran nur der philosophische Aspekt, doch dann kam ihm die Idee, ob er eine solche Maschine vielleicht öffentlich auftreten lassen könne. Mit dem Honorar, das solche Veranstaltungen einbringen würden, wollte er dann den Bau seiner Maschine finanzieren.

Nach langem Überlegen war er davon überzeugt, »dass bei Vorgabe einer beliebigen Position der Figuren auf dem Brett … der Automat nach dem ersten korrekten Zug in der Lage sein müsse, das Spiel zu gewinnen«.[21] Dafür müsste die Maschine alle denkbaren Varianten kommender Züge ausrechnen und den besten auswählen. Schnell kam er zu dem ernüchternden Schluss: »Wenn man für ein sehr langes Schachspiel einhundert Züge für jede Seite annahm, überstiegen die Möglichkeiten der Analytischen Maschine hinsichtlich der involvierten Kombinationen bei weitem selbst die für ein Schachspiel erforderlichen.« Einfachere Brettspiele sollte sein Automat jedoch gewinnen können.

Die philosophische Auseinandersetzung mit einem vorausschauenden, spielenden Automaten ließ ihn an der Existenz des Zufalls zweifeln. Er sah sich in geistigem Einverständnis mit Laplace, der Newtons Gesetze mit Bravour auf die Berechnung der Planetenbewegungen angewandt hatte: »Zufall ist nichts anderes als der Ausdruck menschlicher Unwissenheit.«[22] Babbage gab das Vorhaben auf, Spielautomaten für öffentliche Vorführungen zu bauen – nicht etwa, weil er es für undurchführbar hielt, sondern weil es zu spät für ihn geworden war, mit dem erworbenen Geld die Analytische Maschine zu bauen.

Längst hatte sich Babbage über die Grenzen des Vereinigten Königreiches hinaus einen Namen gemacht. So besuchten ihn die berühmten deutschen Mathematiker Friedrich Wilhelm Bessel und Carl Gustav Jacobi und diskutierten eifrig über die Analytische Maschine. Aus dem Ausland wurden ihm so viele Ehrungen zuteil, dass ihm ein Freund spaßeshalber riet, Ordnung in seinen verworrenen, langen Titelschweif zu bringen, noch nie habe er einen solchen Meeraal von Ehrentiteln gesehen. Aber *eine* Ehrung lehnte er ab: die Erhebung in den Ritterstand. Auf seine Regierung, die ihn finanziell hatte fallen lassen, war er gar nicht gut zu sprechen. Seine Verbitterung nahm noch weiter zu, als man ihm die Möglichkeit verweigerte, das Modell seiner Differenzmaschine 1851 auf der Weltausstellung in London zu präsentieren.

Und noch dazu gab es dort eine andere Differenzmaschine zu bewundern: Ein schwedischer Drucker namens George Scheutz hatte zusammen mit seinem Sohn ein Modell gebaut. Scheutz war schon 1834 durch einen Artikel auf Babbages Maschine aufmerksam geworden und hatte ihn in London besucht. Zwanzig Jahre später hatte Scheutz eine Rechenmaschine konstruiert. Im Vergleich zu Babbages Modell wirkte sie »wie aus einem Kinderbaukasten«, aber sie konnte nach der Differenzmethode einfache Rechnungen ausführen und das Ergebnis in Form einer Druckmatrize ausgeben. Babbage besichtigte den Apparat 1855 auf der Weltausstellung in Paris und äußerte sich sehr lobend über ihn.

Obwohl Babbage klar war, dass seine Maschinen nie gebaut würden, arbeitete er weiter an den mechanischen Konzepten. So war es ihm gelungen, die Differenzmaschine durch allerlei Kunstgriffe zu »verschlanken«. Schließlich fand er eine Lösung, mit der sie nur noch ein Drittel der ursprünglich vorgesehenen Teile benötigt hätte – und das, obwohl diese Differenzmaschine No. 2 wesentlich genauer gerechnet hätte als die Urversion.

Im Jahre 1862 erfuhr sein Lebenswerk doch noch eine kleine späte Würdigung: Auf der Weltausstellung in London wurde seine mittlerweile fast dreißig Jahre alte Demonstrationsversion gezeigt. In seinen letzten Jahren erhielt er hin und wieder Besuch von Mathematikern, Forschern unterschiedlicher Couleur und auch von Laien, doch fast niemand konnte sein Werk angemessen würdigen. Unbemerkt von der Öffentlichkeit starb er am 18. Oktober 1871 im Alter von fast achtzig Jahren.

Babbage war nicht nur einer der begabtesten Mathematiker seiner Zeit, Erfinder der Rechenmaschine und Politökonom. Er brachte auch in vielen anderen Bereichen seine überbordende Kreativität zur Anwendung, zum Beispiel bei der Eisenbahn. Als Klagen von Fahrgästen über starke Erschütterungen laut wurden, ließ Babbage sich einen Waggon zur Verfügung stellen und installierte darin eine empfindliche Apparatur, die alle Erschütterungen registrierte und die Messwerte auf einer langen Papierrolle ausdruckte – eine mechanische Blackbox gewissermaßen. Er entwickelte eine farbige Bühnenbeleuchtung, ein Blinksystem zur optischen Informationsübertragung, ein Signalsystem für Leuchttürme, und er beschäftigte sich mit dem Kodieren und Dechiffrieren von Nachrichten. Doch für keines dieser Projekte engagierte er sich mit einer auch nur annähernd vergleichbaren Leidenschaft wie für seine Rechenautomaten.

Als Babbages Arbeiten in der zweiten Hälfte des 20. Jahrhunderts langsam wiederentdeckt wurden, stellten sich Fachleute die Frage: Hätten seine Maschinen wirklich funktioniert? Außer dem kleinen Demonstrationsmodell existierten ja nur seine Pläne. Im Jahre 1985 wollten es zwei Computerexperten wissen: Allan Bromley von der Universität Sydney und Doron Swade vom Wissenschaftsmuseum in London beschlossen, die Differenzmaschine No. 2 vollständig nachzubauen. Pünktlich zu Babbages 200. Geburtstag sollte sie fertig sein. Schon bald fühlten sie sich an Babbages Qualen erinnert: »Wir ließen uns auf ein äußerst komplexes Ingenieurprojekt ein, gerieten auf unbekanntes technisches Territorium, in Finanzierungsprobleme und in die typischen Verwicklungen eines Großvorhabens.«[23]

Als Erstes wurde klar, dass sie den Drucker streichen mussten, der allein aus 4000 Teilen bestanden hätte. Dann mussten sie Babbages Pläne Detail für Detail analysieren. Dabei fanden sie im Übertragungsmechanismus für die Zehnerstellen einen kleinen Fehler, den sie mit einfachen Mitteln korrigieren konnten. Bemerkenswert war die mechanische Präzision von 0,05 Millimetern, die Clement und Babbage eingehalten hatten.

Im Jahre 1989 beauftragten Bromley und Swade ein Ingenieurbüro damit, Babbages alte Pläne in neue Konstruktionsvorschriften umzuwandeln. Insgesamt mussten 4000 Teile aus einer geeigneten Bronzelegierung angefertigt werden. Als es im Juni 1990 an den endgültigen Zusammenbau gehen sollte, ging die beauftragte Firma in Konkurs. In allerletzter Minute konnten Bromley und Swade eine Katastrophe abwenden, indem sie die beiden wichtigsten Ingenieure kurzerhand im Londoner Wissenschaftsmuseum anstellten. So gelang es ihnen mit einer neuen Firma, die Maschine fertigzustellen. Am 27. Juni 1991 stand das drei Tonnen schwere Ungetüm im Wissenschaftsmuseum – und rechnete fehlerfrei.

Knapp 300 000 Pfund hatte es gekostet, Babbages Traum in eine reale Maschine aus Bronze zu verwandeln. Bis zum Jahr 2002 gelang es dann auch noch, den Drucker zu bauen. Damit war Babbages Differenzmaschine komplett. Eine vollständige Kopie davon ließ wenige Jahre später der amerikanische Computerspezialist Nathan Myhrvold aus privaten Mitteln bauen. Sie steht heute im Computer History Museum von Mountain View, Kalifornien.

Was hätte Babbage dafür gegeben, seine Maschinen wirklich arbeiten zu sehen.

Nikola Tesla im Jahr 1895, © *akg-images.*

Die »Umgürtelung« des Erdballs mit elektrischen Impulsen

Nikola Tesla und die drahtlose Energieübertragung

Cripple Creek, Manitou Springs, Telluride – das sind Ortsnamen, die jedem Wildwestfilm zur Ehre gereichen würden. Tatsächlich sind sie Schauplätze eines sagenhaften Goldrausches, der die Region um Colorado Springs Mitte des 19. Jahrhunderts erfasst. Doch nicht wegen des kostbaren Edelmetalls ist der Erfinder Nikola Tesla in diese abgelegene Gegend gezogen, sondern weil er hier Experimente durchzuführen plant, wie sie vor ihm noch niemand gewagt hat: Eine Spannung von mehreren Millionen Volt soll sein »Verstärkungssender« erzeugen. Erklärtes Ziel ist es, in einem »Weltsystem« Energie »in unerhörten Mengen und nahezu verlustfrei an jeden nur denkbaren Punkt der Erde zu übertragen«.[1]

Der 43 Jahre alte Tesla gilt als Zauberer der Elektrizität, nachdem er mit seinen Erfindungen der Wechselspannung zu ihrem Siegeszug verholfen hat. Doch Tesla will mehr. Er träumt von Flugzeugen, beleuchteten Städten und elektrischen Eisenbahnen, die ihren Strom nicht über Kabel beziehen, sondern aus der Luft. Die Zukunft muss drahtlos sein, denkt er.

Ausgestattet mit einer beeindruckenden Melange aus Genialität, Mut, Selbstüberschätzung und Unverfrorenheit verfolgt er unbeirrt dieses eine Ziel und baut immer teurere Versuchsanlagen auf. In den letzten Jahren des 19. Jahrhunderts hat er ein Labor in New York betrieben, doch bald reicht dieses für seine Versuche nicht mehr aus. Als eine ideale Option erscheint ihm nun ein 2000 Meter hoch gelegenes Gelände auf Knob Hill in der Nähe von Colorado Springs. Dort, am Fuße der Rocky Mountains, ist die Luft ungewöhnlich klar, und es herrschen die besten Voraussetzungen für heftige Gewitter, was Tesla, der in seinen Experimenten meterlange künstliche Blitze erzeugen will, sehr entgegenkommt. Den nötigen Strom soll das nur wenige Kilometer entfernt gelegene Elektrizitätswerk der El Paso Electric Company liefern.

Auf Knob Hill also entsteht Nikola Teslas neues Experimentallabor. Unglücklicherweise ist sein geschäftliches Talent weit weniger ausgeprägt als sein technisches, weswegen er stets auf das Wohlwollen potenter Sponsoren angewiesen ist. In diesem Fall stellt ihm John Jacob Astor, der Eigentümer des Nobelhotels Waldorf-Astoria, 30 000 Dollar zur Verfügung. Das entspricht einem heutigen Wert von mehr als 600 000 Dollar.

Innerhalb von nur drei Monaten entsteht auf dem Berg ein Holzhaus mit einer beachtlichen Seitenlänge von etwa dreißig Metern. Im Innern bastelt Tesla diverse Spulen zusammen. Die größte von ihnen besteht aus einer 2,70 Meter hohen Holztrommel mit etwa 15 Metern Durchmesser, die mit einem Draht umwickelt ist. Eine kleinere Sekundärspule sowie Transformatoren und eine große Kondensatorbank komplettieren die im wahrsten Sinne des Wortes spannende Anlage. In der Mitte hat Tesla einen Mast errichtet, der aus dem aufschiebbaren Dach herausschaut und an seiner Spitze eine mit Kupferfolie überzogene Holzkugel trägt. Sie kann über ein Kabel mit den Spulen verbunden werden und dient als Funken sprühender Kondensator.

Unbefugten ist der Zutritt zu Teslas Heiligtum strengstens verboten, worauf ein Schild mit der Aufschrift »Große Gefahr! Zurückbleiben!« unmissverständlich hinweist. Teslas Assistent Fritz Lowenstein hat mehr Humor und hängt ein zweites Schild auf, das eine Verwandtschaft mit Dantes Inferno aus der ›Göttlichen Komödie‹ herstellt. »Lasst, die Ihr eintretet, alle Hoffnung fahren!«

An einem Tag im Oktober 1899 bereitet Tesla ein Experiment vor, das alle bis dahin erzeugten Spannungsgrößen weit übertreffen soll. Sein Assistent Kolman Czito steht an der Schalttafel bereit, während sich der Meister, angetan in Hut und Mantel, an den Ausgang begibt. Dort ist er einerseits weit genug von den Spulen entfernt, die gleich gefährliche Blitze in die Umgebung schleudern werden, andererseits hat er die aus dem Dach herausragende Kupferkugel im Blick. Als die Anlage bereit ist, gibt Tesla das Signal: »Jetzt!«

Czito legt den Spannungshebel um, und schon geht es los: Aus der Sekundärspule züngelt ein Schwarm kleiner Entladungen hervor, an der Kugel entlädt sich mit einem peitschenartigen Knall ein starker Blitz. Czito schaltet den Strom wieder ab, alles scheint bestens zu funktionieren. Weitere Male gibt Tesla seinem Assistenten das Zeichen zum Anschalten, immer heftiger entladen sich die hohen Spannungen. Schon springen kleine, schmerzende Funken von der Schalttafel zu Czitos Hand über. Die von der Kugel ausgehenden Blitze werden ebenfalls immer dicker und länger und entladen sich mit immer lauterem Getöse. Doch plötzlich ist alles vorbei. Es herrscht Stille.

Tesla mahnt seinen Assistenten, den Strom umgehend wieder anzuschalten, doch nichts regt sich. Aufgeregt greift Tesla zum Telefon und ruft beim Kraftwerk an. »Sie haben mir den Strom abgeschaltet! Schalten Sie ihn auf der Stelle wieder an!«,[2] herrscht er den zuständigen Techniker an. Doch der dreht den Spieß um und erklärt Tesla, er habe mit seinen »verrückten Experimenten« den Generator zerstört. Die Isolierungen haben sich entzündet, und die Kupferwicklungen sind durchgeschmolzen, was zu einem Kurzschluss geführt hat. Damit endet dieses denkwürdige Experiment auf Knob Hill.

Glücklicherweise verfügt das Elektrizitätswerk über einen Ersatzgenerator, so dass die Stromversorgung bald wieder hergestellt ist. Tesla muss die Reparaturkosten von 79,99 Dollar bezahlen und kann dann mit seinen Experimenten fortfahren, doch sein Ziel erreicht er nicht: Die drahtlose Energieübertragung wird schließlich zu seinem persönlichen Waterloo.

Tesla hat sich in eine Theorie verrannt, die aus physikalischer Sicht völlig haltlos ist. Er ist fest davon überzeugt – und meint auch, dies mit seinen Experimenten beweisen zu können –, dass die Erde ein elektrisch geladener Körper ist, der elektrische Wellen nahezu ungedämpft leitet. Seine Idee besteht darin, bei den Hochspannungsexperimenten Wellen extrem hoher Intensität zu erzeugen. Diese glaubt er über einen geeigneten Leiter an die Erde abführen zu können, so dass sie sich darin ungehindert ausbreiten können: »Ich konnte feststellen, dass die Erde von elektrischen Schwingungen geradezu belebt war«,[3] schreibt er.

Der Trick besteht seiner Meinung nach darin, die Frequenz der erzeugten elektrischen Schwingungen genau so einzurichten, dass die Erde in Eigenschwingungen versetzt wird. Dieses Phänomen ist eher aus mechanischen Versuchen bekannt. Wenn man eine schwingende Schaukel immer dann anstößt, wenn sie ihren höchsten Punkt erreicht hat, wird sich die Schwingung immer mehr verstärken, ohne dass man die Schaukel stärker anzustoßen braucht. Tesla selbst verwendet gerne den Vergleich mit einer gefüllten Badewanne: Wenn man die Hand auf die Wasseroberfläche legt und diese im richtigen Rhythmus auf und ab bewegt, so wird das Wasser immer stärker auf und nieder schwappen, bis die Wanne überläuft. Auf analoge Weise könnte man nach Teslas Ansicht sogar die Erde zum Zerbrechen bringen, wenn man sie wenige Wochen lang mit elektrischen Schwingungen geeigneter Frequenz in Resonanz versetzte.

Tesla ist davon überzeugt, dass sich die elektrischen Schwingungen nahezu ungehindert im Erdkörper ausbreiten, damit wäre es möglich, von einer Sendestation aus jeden Ort auf der Erde nahezu verlustfrei mit Energie zu versorgen. Man bräuchte dafür lediglich eine geeignete Empfangsanlage, die im Prinzip ähnlich konstruiert wäre wie der Sender, so, wie auch moderne Radiosender und Empfänger nach denselben Prinzipien arbeiten.

Schon fünf Jahre später wähnt er sich dem Ziel ganz nahe und meint, »das Kraftwerk [könnte] im Laufe des Frühjahrs des nächsten Jahres in Betrieb gehen«,[4] wobei eine Spannung von hundert Millionen Volt »durch die Erde rauschen« sollte.[5] Und der ›New York Times‹ gegenüber stellt er 1907 die Frage: »Könnten Sie mir vielleicht einen Grund nennen, weshalb dieser Fortschritt nicht den Entdeckungen von Kopernikus ebenbürtig sein sollte?«[6] Bescheidenheit ist Teslas Sache nicht.

Mehr als vierzig Jahre lang jagt er dieser Idee hinterher, bis er 1943 vereinsamt und verbittert in einem New Yorker Hotel stirbt. Er veröffentlicht nie wissenschaftlich belastbare Arbeiten, die es ermöglicht hätten, seine Experimente zu überprüfen. So ist es auch unklar, was ihn zu der Hoffnung verleitete, die weltweite, drahtlose Energieübertragung stünde unmittelbar bevor.

Auch biografisch ist die Faktenlage bei Tesla äußerst dünn, viele Informationen stammen von ihm selbst und wurden bislang nur punktuell überprüft. So sind wir auch bei der Beschreibung seiner Jugend fast vollständig auf seine Autobiografie ›Meine Erfindungen‹ angewiesen. Keine befriedigende Lage bei einem exaltierten Menschen, wie Tesla es war.

*

In der Nacht vom 9. auf den 10. Juli 1856 kam der kleine Nikola im Pfarrhaus des Dorfes Smiljan im heutigen Kroatien zur Welt. Damals gehörte diese Region zur österreichisch-ungarischen Monarchie. Angeblich wurde der Neugeborene mit Blitz und Donner empfangen, was so mancher gerne als Vorahnung für seine spätere Karriere deutet. Aber da fängt die Legendenbildung schon an.

Der Vater war die dominante Person in der Familie, die neben der Mutter und Nikola aus drei Schwestern und einem Bruder bestand. Die Mutter führte ein strenges Regiment, doch genossen die Kinder die langen Abende, an denen sie ihnen aus dem Kopf serbische Volksweisen erzählte. Das prägte die Kleinen und trug möglicherweise auch dazu bei, dass Tesla mit einem brillanten Gedächtnis und einer ausufernden Phantasie ausgestattet war.

In der Abgeschiedenheit von Smiljan konnte Nikola seine Neugierde mit den Büchern seines Vaters befriedigen. Als er auch nachts lieber lesen als schlafen wollte, schritten die Eltern ein und nahmen ihm die Kerzen weg. Kurzerhand goss er sich seine Kerzen selbst und las heimlich weiter.

Im Laufe seiner Jugendjahre kristallisierte sich bei ihm immer deutlicher der Wunsch heraus, Ingenieur zu werden. Das passte dem Vater gar nicht, der in seinem einzigen Sohn – Nikolas Bruder kam bei einem Reitunfall auf mysteriöse Weise ums Leben – seinen Nachfolger als serbisch-orthodoxer Priester sah. Es stand also nicht gut um Nikolas Lebenstraum, als dieser im Alter von 14 Jahren auf das Realgymnasium nach Karlovac kam. Dort übersprang er eine Klasse und machte schon drei Jahre später den Abschluss mit Auszeichnung. Als er kurz darauf wieder ins Elternhaus zurückkehrte, erwartete ihn die ungeliebte Priesterausbildung, doch dann kam ihm unerwartet eine Krankheit zu Hilfe. Von Cholera befallen schwankte er neun Monate lang zwischen Leben und Tod. Während der Vater für seinen Sohn betete, hatte dieser eine Idee. »Ich werde erst wieder gesund, wenn du mich Ingenieur werden lässt«,[7] soll er seinem Vater gesagt haben. Dieser willigte schweren Herzens ein, und siehe da: Der Bub genas. Das nächste Hindernis war der Militärdienst – eine gefahrvolle Angelegenheit, denn 1874 war der montenegrinisch-türkische Freiheitskrieg ausgebrochen. Aber auch diese Klippe umschiffte Tesla einfach, indem er sich ein Jahr lang auf dem Lande versteckte.

Im darauf folgenden Jahr 1875 schrieb er sich an der Technischen Hochschule in Graz ein, wo er Mathematik, Chemie, Geologie und Sprachen studierte. Er war auf ein sehr gutes Examen angewiesen, das ihm ein dringend benötigtes Stipendium verschaffen würde. Dafür lernte er von drei Uhr morgens bis elf Uhr nachts, sieben Tage die Woche. Man muss ihm dieses enorme Pensum angesehen haben, denn einige Professoren schrieben Nikolas Vater, er solle diesem unnatürlichen Treiben Einhalt gebieten, weil man sonst um seine Gesundheit, ja sogar sein Leben fürchte.

Tesla erhielt das Stipendium, so dass er 1876 mit dem Hauptstudium in Maschinenbau beginnen konnte. Voller Elan machte er sich an die Arbeit. Schon bald überraschte er seinen Professor Jakob Pöschl mit der Absicht, den damals gängigen Generatortyp, die Gramme-Maschine, verbessern zu wollen – eine für den honorigen Professor unvorstellbare Anmaßung.

Eigentlich hätte diese Äußerung Tesla erst richtig zu Experimenten anspornen müssen, doch überraschenderweise geschah genau das Gegenteil. Seine Leistungen ließen von Semester zu Semester nach; im dritten Studienjahr erschien er gar nicht mehr in der Universität. Keiner der Tesla-Biografen konnte bislang eine schlüssige Begründung für diesen plötzlichen Sinneswandel ausfindig machen. So bleibt nur die nüchterne Aussage, dass Tesla die Universität ohne Abschluss verlassen musste und wohl nie wieder eine Lehranstalt von innen sah. (Ein erneut aufgenommenes Studium 1880 in Prag hat Tesla zwar selbst erwähnt, lässt sich aber nicht nachweisen.)

Dieser Bruch in Teslas Leben ist von großer Bedeutung. Damit hatte er die Chance auf eine Hochschulkarriere vertan und, letztlich noch gravierender: Er hat nie eine grundlegende physikalische Ausbildung erhalten. Ein Manko, das ihn später in die Falle der drahtlosen Energieübertragung tappen ließ.

Ende 1878 zog Tesla nach Maribor, wo er eine Anstellung als Maschinenbauer fand. Gleichzeitig pflegte er einen Lebenswandel, den man wohl trefflich mit Lotterleben umschreiben kann: Er verfiel dem Alkohol und spielte ausgiebig Karten und Billard, das allerdings recht gut. Ein Jahr später starb sein Vater, Tesla kehrte in die Heimat zurück und musste mit einer Stelle als Aushilfslehrer an seiner ehemaligen Grundschule vorliebnehmen.

Hilfe in der Not kam von einem Onkel, der ihm eine Stelle als Elektriker im Zentraltelegrafenamt von Belgrad verschaffte. Das hörte sich zunächst einmal nicht sehr beeindruckend an, aber in Europa wurden gerade die ersten Telefonzentralen aufgebaut (die Direktwahl war noch längst nicht erfunden). Bis dahin gab es sie nur in Paris, London und Brüssel. In Budapest baute nun die Firma von Thomas Alva Edison das neue Telegrafenamt auf. Hier konnte Tesla seine wahren Fähigkeiten ausspielen: Er war ein Techniker, Tüftler und Erfinder, kein Gelehrter. Innerhalb kurzer Zeit machte er sich unentbehrlich. Doch dann ereilte ihn wieder ein Rückschlag.

Um seine Gesundheit war es nie gut bestellt. Insbesondere litt er immer wieder unter psychischen Problemen. Er konnte zeitweilig die Sinneseindrücke nicht kontrollieren. Ungefiltert stürzten sie auf ihn ein und machten ihn schier wahnsinnig. Möglicherweise litt er unter Hypersensibilität oder Überempfindlichkeit, einem Phänomen, dem Psychologen erst seit Ende der 1990er Jahre intensiv nachgehen. Seine eigene Schilderung erscheint freilich wieder übertrieben. So behauptete er, bei seinem Anfall in Budapest das Ticken einer drei Zimmer weiter stehenden Uhr hören zu können, und »wenn sich eine Fliege auf den Tisch niedersetzte, hörte ich einen dumpfen Schlag«.[8]

Tesla erholte sich langsam von dem Anfall. Linderung brachten ihm unter anderem Spaziergänge mit seinem Bekannten Antal Szigety im Budapester Stadtpark. Hierbei dachte er intensiv über ein Problem nach, das ihn schon seit seiner Zeit in Graz, wo er die Gramme-Maschine kennen gelernt hatte, beschäftigte. Er suchte nach einem neuartigen Stromversorgungssystem auf der Basis von Wechselspannung.

Zwar gab es Motoren, die mit Wechselstrom funktionierten, aber die hatten in der Praxis viele Nachteile. Auf dem Spaziergang nun, als er – wieder nur nach eigener Schilderung – in die untergehende Sonne blickte, kam ihm die Idee, wie sich das Problem lösen ließ. »Es war ein Glückszustand, der so groß wie niemals sonst in meinem Leben war.«[9]

Allerdings konnte er die »Erleuchtung« nicht sofort in eine funktionierende Maschine umsetzen. Dafür fehlte ihm die Zeit, denn sein Chef hatte ihn für höhere Weihen vorgesehen: Er empfahl ihn nach Paris, wo sich einer von drei französischen Sitzen von Edisons Imperium befand. Hier ging es allerdings nicht um das Telefonnetz, sondern um die Elektrifizierung der Stadt.

Edison war ein knallharter Verfechter der Gleichstromtechnik. Er hatte sie mitentwickelt, wollte damit die Welt beglücken – und viel Geld verdienen. Seine Strategie bestand darin, den Städten das gesamte Elektrizitätssystem zu verkaufen: vom Generator über die Leitungen bis zu den Glühbirnen, alles aus einer Hand. Das Gleichstromsystem hat jedoch einen gravierenden Nachteil: In den Leitungen geht sehr viel Energie verloren; der elektrische Strom versiegt gewissermaßen auf kurzer Strecke. Eine damalige Generatorstation konnte deshalb nur wenige Quadratkilometer mit Strom versorgen, was natürlich zur Folge hatte, dass in einer Stadt wie Paris sehr viele dieser Generatoren arbeiten mussten. Dummerweise kam es bei diesem dezentralisierten System häufig zu Zwischenfällen. Diese zu beheben wurde Teslas Aufgabe.

Vergleichbar mit einer heutigen Task Force wurde er umgehend mit dem Lösen eines dringenden Problemfalls beauftragt. Am 15. August 1883 sollte der neue Bahnhof von Straßburg eingeweiht werden und unter dem Glanz Hunderter von Lichtern erstrahlen. Doch alles lief schief, Glühbirnen waren explodiert. Teslas große Stunde war gekommen. Er berief seinen Freund Szigety in sein Team, und gemeinsam brachten sie die Anlage zum Laufen.

Damit war seine Reputation in Edisons Firma sprunghaft gestiegen. Er erhielt nun auch ein anständiges Salär und fühlte sich in Paris sehr wohl, wo er einen großzügigen Lebensstil genoss. Eines jedoch gehörte weder in der Stadt der Liebe noch sonst irgendwo und irgendwann zu seinem Leben: Frauen. Soweit bekannt, hatte er nie eine Freundin oder gar

Geliebte. »Ich glaube nicht, dass Sie mir sehr viele große Erfindungen nennen können, die von verheirateten Männern gemacht worden sind«, kommentierte er einmal sein Single-Dasein.[10] Eine Frau an seiner Seite hätte es indes auch sicher nicht leicht gehabt, denn mit zunehmendem Alter wurde er immer seltsamer. So war er davon überzeugt, er wäre zur Gedankenübertragung fähig, als Meditationsübung teilte er alles durch drei, und irgendwann *musste* auch alles für ihn Wichtige durch drei teilbar sein, zum Beispiel die Zimmernummer eines Hotels, in dem er wohnte. Doch zurück nach Paris.

Tesla hatte also bei dem Direktor der Pariser Edison-Niederlassung, Charles Batchelor, einen ausgezeichneten Eindruck hinterlassen, eine versprochene Prämie zahlte Batchelor indes nicht aus. Erzürnt, aber mit einer Empfehlung seines Chefs, entschied sich Tesla, in die Vereinigten Staaten auszuwandern. Ein mutiger Schritt, aber er konnte selbstbewusst mit seinen erworbenen Fähigkeiten und Kenntnissen auftrumpfen, und das bei keinem Geringeren als Thomas Alva Edison höchstpersönlich.

Dieser Mann war schon zu Lebzeiten eine Legende. Ohne akademische Ausbildung hatte er durch Fleiß, Ideen, Mut und Geschick sein marktbeherrschendes Unternehmen Edison Machine Works aufgebaut. Mit Batchelors Empfehlungsschreiben erhielt Tesla eine Audienz bei Edison, der ihn umgehend einstellte. Wieder musste er sein Geschick bei einer Task-Force-Aktion unter Beweis stellen, und wieder war er erfolgreich. Alles schien bestens zu laufen in der Neuen Welt, bis Tesla eine Gehaltserhöhung verlangte. Diese wurde ihm nicht gewährt, und so kündigte er wutentbrannt. Edison kommentierte dieses Verhalten später in einem Magazin mit den Worten: »Tesla hat einen nervösen Charakter, und das wird ihm ziemlich viel Kummer bereiten.«[11]

Was macht ein begabter und voller Ideen steckender Ingenieur in den USA? Natürlich: Er macht sich selbstständig. Im März 1885 gründete er zusammen mit zwei Geschäftsleuten die Tesla Electric Light and Manufacturing Company. Ziel war es, eine verbesserte elektrische Bogenlampe zu produzieren. Das Vorhaben gelang, doch Tesla war kein Geschäftsmann, was ihm immer wieder das Leben schwer machen sollte: Auf hinterlistige Weise gelang es seinen beiden Partnern, ihn aus der Firma zu drängen und den Gewinn alleine einzustreichen.

Tesla war am Boden zerstört, nahm jede Art von Gelegenheitsjobs an, um in dem umtriebigen New York zu überleben. Aber wie es manchmal so geht im Land der unbegrenzten Möglichkeiten, kann sich das Blatt von einem Augenblick zum nächsten wenden. Durch einen glücklichen Zufall lernte er zwei einflussreiche Geschäftsmänner kennen, denen er seine Idee von einem Wechselstromsystem schmackhaft machen konnte. Im April 1887 gründeten sie die Tesla Electric Company, doch um einem Tycoon wie Edison Paroli bieten zu können, bedurfte es noch einer Gallionsfigur. Die fanden sie in dem Ingenieur George Westinghouse, dieser hatte schon seit längerem die Absicht, ein Wechselspannungssystem aufzubauen und damit Edisons anfälliges und unpraktisches Gleichstromsystem abzulösen. Doch es fehlte vor allem noch ein Motor beziehungsweise Generator, der mit Wechselspannung fehlerfrei funktionierte.

Westinghouse vertraute Tesla. Er stellte weitere Ingenieure ein, und bald nahm das Team seine Arbeit auf. Tesla sah nun seine große Chance gekommen, seinen Traum von einem Generator zu verwirklichen, der mit großer Effizienz Wechselspannung erzeugen konnte. Ein elektrischer Generator funktioniert im Prinzip so: Eine Maschine, zum Beispiel eine Dampfmaschine oder das Laufrad eines Wasserkraftwerks, setzt eine Achse in Drehbewegung, die den Generator antreibt. Hier entsteht die elektrische Spannung nach einem bekannten physikalischen Gesetz: Bewegt sich ein elektrischer Leiter in einem Magnetfeld, so wirkt auf die Ladungen im Leiter eine Kraft in Richtung des Leiters und setzt diese in Bewegung. Diese Ladungsverschiebung erzeugt eine elektrische

Spannung zwischen den Enden des Leiters. In dem Fall des Generators dreht die mechanisch angetriebene Welle einen Leiter in einem Magnetfeld. Auf diese Weise lässt sich sowohl Gleich- als auch Wechselspannung erzeugen.

Ein Elektromotor ist nichts anderes als ein Generator, der umgekehrt betrieben wird: Der elektrische Leiter wird unter Spannung gesetzt, infolgedessen dreht er sich in dem Magnetfeld. Über eine elektrische Welle kann man nun ein Auto, eine Lokomotive oder etwas anderes antreiben. In seinem Labor bastelte Tesla akribisch an einer technisch praktikablen und effizienten Umsetzung dieses Prinzips. Das Ergebnis war sein »elektromagnetischer Motor«, den er am 1. Mai 1888 patentieren ließ. Er bestand aus sechs Spulen, die auf einem Ring angebracht waren. Innerhalb des Rings drehte sich ein Magnet. Bei der Rotation entstand ein magnetisches Drehfeld, das in den Spulen periodisch Spannungen induzierte. Auf diese Weise lieferte der Generator eine Mehrphasenspannung. Nach diesem Prinzip arbeiten noch heute die meisten Elektromotoren.

Auch in anderen Ländern suchten Erfinder nach dieser Lösung. So hatte bereits 1885 Galileo Ferraris in Turin einen Wechselstromgenerator entwickelt, ohne sich aber offenbar der Tragweite bewusst gewesen zu sein. Westinghouse führte mehr als zehn Jahre lang einen kostspieligen Patentstreit um Teslas Priorität und kaufte schließlich Ferraris Patent auf. Es war die Kombination aus dem cleveren Erfinder Tesla und dem weitsichtigen Unternehmer Westinghouse, die der Wechselspannungstechnik zum Durchbruch verhelfen sollte.

Allerdings blieb Tesla hierbei in finanzieller Hinsicht wieder einmal auf der Strecke. Zwar erhielt er für seine Patente knapp 100 000 Dollar (heute entsprechend zwei Millionen Dollar), aber es wurden keine Vereinbarungen über spätere laufende Einnahmen aus dem Wechselstromgeschäft getroffen. Die hätten ihn dauerhaft zu einem reichen Mann gemacht.

Auch auf technischer Seite lief es nicht wie erhofft. So konnte man sich nicht auf die Netzfrequenz einigen: Während

Tesla die heute üblichen 60 Hertz befürwortete, setzten einige seiner Mitarbeiter auf 133 Hertz. Schließlich war Tesla die Querelen leid, trat alle Rechte an Westinghouse ab und kehrte wieder zu seiner eigentlichen Profession als freier Erfinder zurück.

Letztlich gelang es Westinghouse, ein funktionierendes Wechselspannungssystem (mit 60 Hertz) aufzubauen, und er trat bald als ernsthafter Konkurrent zu Edison auf. Der fürchtete um sein Gleichstromimperium und versuchte mit allen erdenklichen Mitteln die Welt davon zu überzeugen, dass Wechselspannung gefährlich sei. Die sich daraus entwickelnde, legendäre Auseinandersetzung ging als Stromkrieg in die Annalen der Geschichte ein.

1890 schließlich nahm der Wettstreit unter den beiden Konkurrenten groteske Ausmaße an: Man hatte Edison damit beauftragt, eine humanere Hinrichtungsmethode als das Erhängen im Staatsgefängnis von Auburn, New York zu entwickeln. Kurzerhand ließ er einen mit Wechselspannung betriebenen elektrischen Stuhl bauen. Die Hinrichtung verlief jedoch äußerst qualvoll und stieß in der Bevölkerung auf wenig Verständnis. Um den Ruf seines Konkurrenten zu schädigen, versuchte Edison, für diese Hinrichtungsart den Begriff »to be westinghoused« einzuführen. Ähnlich verfuhr er einige Jahre später: Ein Elefant hatte drei Pfleger angefallen und tödlich verletzt. Wieder kam Edison auf die famose Idee, das Tier qualvoll mit Wechselstrom zu töten – und Westinghouse zu diffamieren.

Westinghouse reagierte natürlich empört und setzte sich zur Wehr, wo er nur konnte, wobei ihn Tesla tatkräftig unterstützte. So ließ er Strom durch seinen eigenen Körper fließen und Glühlampen, die nicht mit dem Stromnetz verbunden waren, leuchten.

Letztlich konnte Edison Westinghouses Siegeszug nicht aufhalten, wobei diesem ein Aufsehen erregender Erfolg im fernen Deutschland zu Hilfe kam. 1891 gelang es Oskar von Miller, Strom mit einer Leistung von 200 Kilowatt aus einem Wasserkraftwerk in Lauffen im Neckar mit einer Überlandleitung 175 Kilometer weit bis nach Frankfurt am Main zu übertragen. Das war verglichen mit den kurzen Übertragungsstrecken der Gleichspannung ein enormer Erfolg. Die letzte Schlacht gewann Westinghouse, als auf der Weltausstellung 1893 in Chicago fast 100 000 Glühbirnen erstrahlten – versorgt mit Wechselspannung. Bald baute Westinghouse Electric nach Teslas Prinzip im großen Stil auch Motoren für Straßen- und Untergrundbahnen, ohne dass der Erfinder auch nur einen Cent zu sehen bekam. Immerhin war Tesla durch seine Erfindungen so berühmt geworden, dass Zeitungen Westinghouses Erfolge immer wieder mit seinem Namen verbanden.

Ein Meilenstein in der Energietechnik war das große Kraftwerk an den Niagarafällen, das am 26. August 1895 erstmals Strom lieferte. Zehn jeweils 85 Tonnen wiegende Westinghouse-Generatoren erzeugten eine Leistung von insgesamt sechzig Megawatt. Ein Bronzeschild verwies auf neun Patente Teslas, die diesem Wunderwerk zugrunde lagen, seit 1976 erinnert eine Statue an den großen Erfinder.

Brillant, aber glücklos, möchte man sagen. Nach seiner Kündigung bei Westinghouse war Tesla nach New York zurückgekehrt und wohnte im Astor-Hotel am Broadway, einer der nobelsten Adressen der Stadt. Er arbeitete zwar bei Bedarf als Berater bei Westinghouse, aber das Thema Generatoren und Motoren hatte er hinter sich gelassen. Stattdessen interessierte er sich für Versuche, die der deutsche Physiker Heinrich Hertz ab 1887 an der Technischen Hochschule in Karlsruhe ausgeführt hatte.

Mit einer trickreichen Anlage hatte Hertz Wechselspannung erzeugt und diese an die beiden Arme einer Sendeantenne angeschlossen. Zwischen den beiden Enden dieser Metallstäbe befand sich ein schmaler Luftspalt. Schaltete Hertz die Spannung ein, so entluden sich in dem Spalt kleine Funken, die nach Hertz' Berechnungen rund hundert Millionen Mal pro

Sekunde hin- und herzuckten. Eigentlich wollte Hertz nur die Entladungen selbst untersuchen, doch da bemerkte er, dass auch in dem Luftspalt einer nahe stehenden zweiten Antenne winzige Funken übersprangen, obwohl beide Antennen nicht miteinander verbunden waren. Hertz schloss daraus, dass von den Funken der ersten Spule elektrische Schwingungen ausgegangen sein mussten, die den Raum durchquert und in der zweiten Spule die winzigen Funken ausgelöst hatten.

Heinrich Hertz hatte damit die zwanzig Jahre zuvor von dem schottischen Physiker James Clerk Maxwell theoretisch vorhergesagten elektromagnetischen Wellen entdeckt. Und er hatte damit den Grundstein für die gesamte Radioübertragungstechnik gelegt. Die Bezeichnungen Funktechnik und Rundfunk erinnern noch heute an diese Versuche, obwohl Radiowellen schon lange nicht mehr mit Funken erzeugt werden.

Ohne Zweifel ließ sich mit den Hertz'schen Wellen Energie übertragen. Wie sonst hätte in der zweiten Antenne plötzlich ein Funke entstehen können. Dieser Gedanke beflügelte Tesla, als er in seinem Labor ab 1890 Hertz' Experimente nachbaute. Er kam schnell zu denselben Ergebnissen, doch reichte ihm die Übertragungsleistung nicht aus. In aufwändigen Versuchen gelang es ihm schließlich, einen Transformator zu bauen, der die Hausspannung auf bis zu 15 000 Volt hochtransformierte und dann in einer Funkenstrecke entlud. Hierbei geschah es einmal, dass eine Geißler-Röhre, die in der Funktion den heutigen Neonröhren entsprach, zu leuchten begann – ein Wunder! Mit diesen Versuchen begann Teslas Leidenschaft für die drahtlose Energieübertragung, die ihn nie wieder loslassen sollte.

Tesla führte Freunden und Journalisten seine Entdeckung vor. »Von einer Führung durch Nikola Teslas Labor nicht überwältigt zu sein, erfordert einen ungewöhnlich standhaften Geist«, erinnerte sich später ein Journalist. Höhepunkt eines solchen Besuchs war Teslas Selbstversuch: Er stellte sich zwischen zwei Elektroden und erhöhte langsam die angelegte Wechselspannung, bis schließlich »Myriaden von Flammenzungen aus jedem Teil seines Körpers zuckten«.[12] Bald kannte jeder in der Stadt den Namen Tesla, den Zauberer der Elektrizität, der es zudem verstand, die Menschen in mitreißenden Vorträgen in seinen Bann zu ziehen. Doch auch die Fachwelt staunte. Auf einer Europareise beeindruckte Tesla vor allem in London und Paris bedeutende Physiker seiner Zeit.

Auf dieser Reise lernte Tesla in Karlsruhe auch Heinrich Hertz kennen. Es muss eine denkwürdige Begegnung gewesen sein: auf der einen Seite der dreißig Jahre junge Physikprofessor und vielleicht weltweit beste Kenner der Maxwell'schen Theorie, auf der anderen Seite der umtriebige Erfinder ohne abgeschlossene Ausbildung. Offenbar endete das Gespräch zwischen den beiden im Desaster. Hertz war nämlich davon überzeugt, dass die von ihm untersuchten elektromagnetischen Wellen sogenannte Transversalwellen sind, wie Licht. Tesla hingegen sträubte sich gegen diese Meinung und behauptete, die erzeugten Schwingungen würden sich wie Schallwellen longitudinal »durch abwechselnde Kompression und Expansion«[13] eines gasförmigen Mediums fortpflanzen. Auch »Licht kann nichts anderes sein als eine Schallwelle im Äther«,[14] meinte er fälschlicherweise. Dies machte nach Teslas Meinung einen entscheidenden Unterschied: Während die Intensität der Hertz'schen Wellen quadratisch mit der zurückgelegten Entfernung abnimmt, sollten sich die Longitudinalwellen nach Teslas Überzeugung kaum abschwächen. Ein verführerischer Irrglaube.

Zurück in New York mietete Tesla ein größeres Labor an, um seine Anlage weiter verbessern zu können. Zwar schwebte ihm dabei als Fernziel ein weltumspannendes Energienetz vor, aber ihm war auch klar, dass man mit derselben Technik ebenso Informationen übertragen konnte. Im Februar/ März 1893 demonstrierte er vor dem Franklin Institute in Philadelphia das Prinzip des Rundfunks – drei Jahre vor Guglielmo Marconi. Dennoch erhielt Marconi zusammen mit Ferdinand Braun für die Erfindung des Rundfunks 1909 den Physik-Nobelpreis. Der Grund war, dass Marconi sofort das Potenzial seiner Erfindung erkannte und alles daransetzte, die drahtlose Telegrafie zu einem weltweit funktionierenden System umzusetzen: Im März 1899 stellte er eine drahtlose Verbindung über den Ärmelkanal her, und schon zweieinhalb Jahre später übertrug er Funksignale über den Atlantik.

Diese spektakulären Erfolge und Marconis unternehmerisches Geschick machten ihn weltberühmt. Tesla hingegen sah in seiner Erfindung eher ein Abfallprodukt seiner Forschungen, an deren Ende das globale Energiesystem stehen sollte. Er trieb deshalb die Entwicklung der drahtlosen Nachrichtenübertragung nur halbherzig voran, verwies aber stets darauf, dass Marconis Erfolge auf seinen Patenten beruhten. Erst viel später stellte der amerikanische Gerichtshof fest, dass Tesla der eigentliche Vater des Radios sei. Das war im Juli 1943, ein halbes Jahr nach Teslas Tod.

Ende des 19. Jahrhunderts befand sich Tesla auf dem Höhepunkt seiner Karriere. Berühmtheiten wie der Schriftsteller Mark Twain, die Theaterdiva Sarah Bernhardt, der Komponist Antonin Dvořák sowie die Finanziers John Jacob Astor und J. P. Morgan zählten zu seinen engeren Bekannten. Sogar Straßen und Plätze wurden nach ihm benannt. Doch wie so oft in seinem Leben wechselten sich Höhen und Tiefen in atemberaubendem Tempo ab. Am 13. März 1895 brannte sein Labor bis auf die Grundmauern nieder. Alle Geräte und Messinstrumente sowie die Aufzeichnungen waren vernichtet, eine Versicherung gab es nicht. Tesla verfiel in tiefe Depression. Doch schließlich bekam er von einem Investor neues Geld und – man glaubt es kaum – sein alter Arbeitgeber und Westinghouse-Gegner Thomas Alva Edison stellte ihm ein Labor zur Verfügung. Später kauften Astor und andere Magnaten Aktien der Nikola Tesla Company, so dass er sich wieder obenauf fühlte und seinen Wohnsitz großzügig ins Waldorf-Astoria verlegte.

Voller Elan widmete er sich wieder seinem Traum von der drahtlosen Energieübertragung. Er wickelte Spulen, baute Transformatoren und Kondensatoren, bis ihm das Labor zu eng wurde. Es war sein Patentanwalt Leonard Curtis, der ihm Knob Hill bei Colorado Springs empfahl. Curtis besaß Anteile an dem dortigen Elektrizitätswerk und garantierte ihm den nötigen Strom für seine ausgefallenen Versuche.

Tesla experimentierte nur von Mai 1899 bis Januar 1900 in dem eingangs geschilderten Labor, wo er seinen Verstärkungssender baute und seiner Meinung nach die Grundlagen für sein Weltsystem gelegt hatte. Doch dann ging ihm wieder einmal das Geld aus. Er konnte weder die Restlöhne seiner Arbeiter noch die Stromrechnung bezahlen. Jahrelang musste er sich deswegen gerichtlich verantworten.

Die Geldgeber bekamen zunehmend Bedenken, auch weil Tesla immer mehr mit befremdlichen Ankündigungen auf sich aufmerksam machte, aber keine konkreten technischen Erfindungen mehr lieferte.

Im Februar 1901 berichtete er in dem beliebten Magazin ›Collier's Weekly‹ von Signalen, die er zweifelsfrei vom Mars empfangen habe. Zunächst pries er seine eigenen Entwicklungen damit an, dass »mit einer Leistung von nicht mehr als 2000 PS [1,5 Megawatt] Signale auf einen Planeten wie den Mars mit der gleichen Genauigkeit und Sicherheit übertragen werden könnten, wie wir sie jetzt mit Drähten von New York nach Philadelphia senden«.[15] Warum sollten dann nicht umgekehrt auch Lebewesen auf dem Mars Signale zur Erde senden können? Und in der Tat will er an einem Tag periodische Impulse aufgezeichnet haben, die nach seiner eingehenden Analyse nur von einer fremden Intelligenz stammen konnten. »Das Gefühl in mir wächst ständig, dass ich der Erste gewesen bin, der die Grüße eines anderen Planeten gehört hatte.«[16] Tesla befand sich in einer Mars-Euphorie, die der amerikanische Astronom Percival Lowell 1895 mit seinem Buch ›Mars‹ ausgelöst hatte. Darin schrieb er vermeintliche Kanäle auf der Mars-

Oberfläche einer intelligenten Zivilisation zu. Mit den Marsianern ließ sich allerdings kein Geld verdienen.

Skeptisch standen seine Sponsoren auch Ausführungen gegenüber, die er in einem langen Aufsatz über ›Das Problem der Steigerung menschlicher Energie‹ beschrieb. Darin sprach er sich für die aus heutiger Sicht sinnvolle Nutzung von Sonnenenergie, Wasserkraft und Erdwärme aus. Gleichzeitig fantasierte er aber auch von einer Umgebungsenergie, die überall im Weltraum vorhanden sei und nur angezapft werden müsse. Worum es sich bei dieser Energieform genau handelt und wie man sie nutzen könnte, wusste er jedoch nicht zu sagen. Umgebungsenergie, freie Energie oder die Nutzung von Strahlungsenergie, die er 1901 in einem Patent vorschlug, sind Stichwörter, mit denen Esoteriker heute meinen, Tesla für sich vereinnahmen zu können. Mit Beiträgen dieser Art verlor er aber zunehmend seine Sympathie in der Bevölkerung, die ihn bis dahin als Wegbereiter der Moderne verehrt hatte.

Unbeirrt setzte Tesla seine Forschungen fort, und schon bald benötigte er wieder Geld. Mittlerweile waren viele seiner einstigen Gönner abgesprungen, einzig J. P. Morgan, der »Jupiter der Wall Street«, wagte es noch, dem unberechenbaren Erfinder Geld zu leihen. In den Bau eines neuen Labors investierte er 150 000 Dollar und erhielt dafür im Gegenzug 51 Prozent aller Patente und Erfindungen für die drahtlose Telegrafie überschrieben. Tesla versprach Morgan, aus dem neuen Labor eine universelle Sendeeinrichtung zu machen. Mit ihr könne man, so Tesla, nicht nur weltweit telefonieren, sondern auch Musik und ein extrem genaues Zeitsignal übermitteln oder eine Art Faxsystem aufbauen. Aus heutiger Sicht eine bahnbrechende Vorstellung, doch insgeheim hatte Tesla nur eine Absicht: sein Weltsystem der Energieübertragung zu realisieren.

Einen Standort für das Labor stellte ein Unternehmer namens James S. Warden zur Verfügung. Das rund 1000 Quadratmeter große Gelände befand sich an der Küste von Long Island. Seinem Mäzen zu Ehren gab Tesla der geplanten Anlage den Namen Wardenclyffe. Wie immer trieb Tesla den Aufbau im großen Stil voran: Wald wurde gerodet und ein eigener Gleisanschluss zur Anlieferung der schweren Geräte gelegt. Offenbar schwärmte er Warden vor, dort später eine große Fabrik bauen zu wollen, in der 2000 bis 2500 Menschen elektrische Geräte bauen sollten. Daraus wurde nichts.

Da Tesla daran glaubte, die elektrische Energie würde in Form von Wellen nahezu verlustfrei durch den Erdkörper transportiert, mussten seine Spulen geerdet werden. Dafür ließ er ein vier mal vier Meter großes Fundament bis zum Grundwasserpegel in 36 Meter Tiefe treiben. Um die Erdung weiter zu verbessern, ließ Tesla senkrecht von den Fundamentwänden ausgehend insgesamt 16 jeweils dreißig Meter lange Eisenrohre ins Erdreich schlagen. »Dann wurde der Strom durch diese Röhren geleitet, der die Erde erfassen würde«,[17] erklärte Tesla zwanzig Jahre später bei einer Gerichtsverhandlung über die Besitzverhältnisse von Wardenclyffe.

Über dem Fundament entstand ein einstöckiges Holzgebäude, aus dessen Zentrum sich ein 57 Meter hoher Turm erhob, der in einer pilzartigen Kuppel endete. Dessen Hauptfunktion sei laut Tesla das Telefonieren gewesen. Allerdings, so räumte er ein, wollte er auf den Turm auch elektrische Energie bringen und mit höchstens fünf Prozent Verlust weltweit versenden. Hieraus wird erkennbar, dass Tesla zwar immer wieder beteuerte, die Realisierung seines Weltsystems stehe kurz bevor, doch wie es wirklich funktionieren sollte, war ihm offenbar selbst nicht klar. Einerseits wollte er dafür die Erde als Resonanzkörper verwenden, andererseits sollte es auch durch die Atmosphäre möglich sein. Ganz sicher war er sich aber, dass sein System dem Weltfrieden dienen würde.

Nachdem Tesla seine Geräte installiert hatte, begann er mit spektakulären Experimenten. Die umgebenden Bewohner berichteten von hellen Blitzen, die aus dem Turm herauszüngelten, und krachendem Donner. Doch verwertbare Ergebnisse gab es nicht.

Ende 1902 war das gesamte Geld ausgegeben, ohne dass Tesla seinem Sponsor Morgan von konkreten Erfolgen berichten konnte. Der erkannte seine Fehlinvestition, ließ Tesla abblitzen und engagierte sich schlauerweise stattdessen in dem neuen Unternehmen Marconi Wireless. Unbeirrt schrieb Tesla ihm Briefe, in denen er mit gewohnter Selbstüberschätzung bemerkte, Morgans Werk sei vergänglich, seines hingegen unsterblich. Das half natürlich nicht. Tesla war pleite und hatte nichts erreicht. Was blieb, waren Schulden.

Dennoch hielt er sich im Gespräch. So äußerte er sich zunehmend zu der Nutzung erneuerbarer Energie und machte Vorschläge, die aus heutiger Sicht interessant sind, damals jedoch keine Beachtung fanden. So schlug er vor, die in die Atmosphäre entlassenen Abgase aus der Eisen- und Stahlherstellung für die Energieerzeugung zu nutzen. »Der Wert dieser Energie würde ungefähr 180 Millionen Dollar pro Jahr betragen«,[18] rechnete er vor. Und er träumte weiter davon, aus dem Äther Energie abzuzapfen. Standhaft weigerte er sich, die 1905 von Einstein aufgestellte Relativitätstheorie anzuerkennen, nach der es gar keinen Äther gibt. Auch die zehn Jahre später von Einstein entdeckte Raumkrümmung war ihm zuwider: »Ich glaube, dass der Raum nicht gekrümmt sein kann, aus dem einfachen Grund, weil er keine Eigenschaften haben kann. Man könnte genauso sagen, dass Gott Eigenschaften besitzt.«[19] Auch hier wird wieder schmerzlich erkennbar, dass Tesla nie eine gründliche physikalische Ausbildung genossen hat.

Die Jahre bis zum Ersten Weltkrieg waren ein ständiger Kampf gegen einen enormen Schuldenberg. Westinghouse forderte sein Geld für die nach Wardenclyffe gelieferten Generatoren. J. P. Morgan jr. bestand auf der Rückzahlung der 150 000 Dollar, sogar Altschulden aus seinem Colorado-Springs-Projekt wurden eingefordert. Das verleitete Tesla dazu, von 1914 bis 1915 eine auf Long Island stehende und für die Kriegsplanung wichtige Sendestation der Deutschen zu

verbessern. Als die Amerikaner die Station im Juli 1915 über-
nahmen, wurde Tesla natürlich zur persona non grata.

In den letzten drei Jahrzehnten musste er einige Patentstrei-
tigkeiten (zum Beispiel mit Marconi) vor Gericht ausfechten.
Er entwarf noch eine Turbine, schwärmte von einer Strahlenwaffe, entwarf einen Senkrechtstarter und träumte von der
Nutzung der Raumenergie – es half alles nichts mehr. Niemand nahm den alten Mann noch ernst, der sich mehr und
mehr zurückzog, zum Leidwesen des Hotelpersonals in seinem Zimmer Tauben versorgte und seine Neurosen pflegte.

Doch so ganz vergaß ihn die Welt nicht. So verliehen ihm
insgesamt zwölf Universitäten den Ehrendoktor, er erhielt
mehrere Auszeichnungen, und die jugoslawische Regierung
offerierte ihm zu seinem achtzigsten Geburtstag eine monatliche Rente von 600 Dollar. Zudem hatte er von der Firma
Westinghouse eine Monatsrente von 125 Dollar zugesprochen
bekommen, so dass er mit allen Annehmlichkeiten in dem
piekfeinen Hotel New Yorker residieren konnte.

Am 8. Januar 1943 fand ein Zimmermädchen Nikola Tesla
tot in seinem Bett liegend. Der herbeigerufene Arzt stellte
Herzversagen fest, das offizielle Todesdatum ist der 7. Januar.
Seine Unterlagen wurden zunächst konfisziert und von einem
Fachmann für nationale Verteidigung durchgesehen. Auch die
Geheimdienste interessierten sich für Teslas Notizen, vor
allem wegen seiner Überlegungen zu einer Strahlenwaffe.
Heute lagern diese Dokumente im Nikola-Tesla-Museum in
Belgrad.

Was ist von Tesla geblieben, wie ist seine damalige Leistung
aus heutiger Sicht zu beurteilen? Sicher war er nicht der
»Übermensch«, wie ihn seine Biografin Margaret Cheney unter anderem bezeichnete. Er war aber einer von fünf oder
sechs Erfindern und Technikern, die am Ende des 19. Jahrhunderts das elektrische Zeitalter begründeten. So zumindest
beurteilt ihn Bernard Finn vom National Museum of American
History an der Smithsonian Institution. Mit seiner Erfindung

des rotierenden Magnetfeldes im Innern eines Elektromotors lieferte Tesla einen entscheidenden Beitrag für die Etablierung der Wechselspannung. Seine zweite große Erfindung betrifft die drahtlose Übermittlung von Signalen, die das Fundament für die spätere Radio- und Fernsehtechnik legte. Im Rahmen dieser Forschung verfolgte er auch die Frage, ob die Atmosphäre Radiowellen leiten kann. Heute wissen wir, dass es ab achtzig Kilometern Höhe tatsächlich eine leitfähige Schicht gibt, die Ionosphäre. Weltweit hielt Tesla an die 300 Patente. Er hätte es durchaus verdient gehabt, ebenso präsent in den Schul- und Lehrbüchern zu erscheinen wie etwa Edison oder Marconi, doch das ist nicht der Fall. Warum nicht?

Zum einen gelang es Tesla nie, ein dominierendes Firmenimperium aufzubauen. Danach stand ihm nie der Sinn. Er war Tüftler, nicht Unternehmer. Zum anderen aber verstieg er sich ab etwa 1900 in immer abstrusere Ideen, die er der Öffentlichkeit gern und oft mitteilte. Doch bald mochten ihm die Menschen nicht mehr folgen. So schrieb die ›New York Herald Tribune‹ am 22. September 1929: »Als Prophet ist er allerdings gescheitert. Er hat seine Zukunftsvisionen ständig wiederholt.«[20] Sein größter Fehler war aber der Irrglaube, man könne an jeden beliebigen Punkt der Erde von einer Sendestation aus so viel Energie liefern, dass man damit in der Lage sei, Autos, Bahnen oder gar Flugzeuge zu bewegen. Wir können heute zwar Radiosignale um den Globus schicken, aber die Energiedichte dieser Wellen ist viel zu gering, um damit ein elektrisches Gerät anzutreiben. Dennis Papadopoulos, Physikprofessor an der University of Maryland, brachte es in einem Interview einmal so auf den Punkt: »Sein größter Fehler bestand darin, dass er träumte, aber nur sehr wenig auf dem Papier ausrechnete.«

Im Jahre 1960 erfuhr Tesla postum eine große Ehrung, als die Internationale Generalkonferenz für Maße und Gewichte in Paris die physikalische Einheit der Magnetfeldstärke nach ihm benannte.

Alfred Wegener bei seiner Grönland-Expedition 1912/1913.

Er rief einen Sturm der Entrüstung hervor
Alfred Wegener und die Entdeckung der
Kontinentaldrift

Am 6. Januar 1912 betritt ein unbekannter Privatdozent der Universität Marburg den Haupteingang des Senckenberg-Museums. In dem erst fünf Jahre alten, aus rotem Sandstein erbauten Gebäude hat sich die Geologische Vereinigung zu ihrer Jahresversammlung eingefunden. Nur sechs Vorträge stehen auf dem Programm, was eigentlich auf einen erlauchten Dozentenkreis schließen lässt. Doch der junge Mann aus Marburg namens Alfred Wegener mit strahlenden Augen und streng gescheiteltem Haar hat sich bislang weniger als Geologe, sondern als Meteorologe und Polarforscher hervorgetan. Sein Vortrag mit dem etwas sperrigen Titel ›Neue Ideen über die Herausbildung der Großformen der Erdrinde (Kontinente und Ozeane) auf geophysikalischer Grundlage‹ wird zum Ärgernis ersten Ranges, heute gilt er als Geburtsstunde der Kontinentaldrift-Theorie. Demnach bewegen sich die Kontinente auf der Erdkruste und bildeten bis vor 150 Millionen Jahren einen einzigen Urkontinent: Pangäa. Leider gibt es keinen Augenzeugenbericht von dieser historischen Veranstaltung, aber Wegener hat kurz darauf seine Hypothese in zwei Aufsätzen, die seinen Vorträgen folgten, veröffentlicht. Nehmen wir also diese Ausführungen als sein gesprochenes Wort. Wegener gilt als gelassener, aber überzeugender Redner. Er wird seine kühnen Gedanken mit Bedacht vorgebracht haben.

»Im Folgenden soll ein erster Versuch gemacht werden, die Großformen der Erdrinde, das heißt die Kontinentaltafeln und die ozeanischen Becken, durch ein einziges umfassendes

Prinzip genetisch zu deuten, nämlich das der horizontalen Beweglichkeit der Kontinentalschollen.«[1] Schon nach diesen wenigen Worten dürfte ein leichtes Raunen durch die Zuhörerschaft gegangen sein. Wegener fährt fort: »Überall, wo wir bisher alte Landverbindungen in die Tiefen des Weltmeeres versinken ließen, wollen wir jetzt ein Abspalten und Abtreiben der Kontinentalschollen annehmen. Das Bild, welches wir so von der Natur unserer Erdrinde erhalten, ist ein neues und in mancher Beziehung paradoxes, entbehrt aber nicht der physikalischen Begründung. Und andererseits enthüllt sich uns schon bei der hier versuchten vorläufigen Prüfung eine so große Zahl überraschender Vereinfachungen und Wechselbeziehungen, dass es mir nicht nur als berechtigt, sondern geradezu notwendig erscheint, die neue, leistungsfähigere Arbeitshypothese an die Stelle der alten Hypothese der versunkenen Kontinente zu setzen.« Worum geht es?

Beim Betrachten einer Weltkarte erkennt man sofort, dass sich die Ostküste Südamerikas recht gut in die Westküste Afrikas hineinschieben ließe. Das ist schon vielen Gelehrten aufgefallen, darunter so namhaften wie Francis Bacon und Alexander von Humboldt. Doch Wegener sieht noch bessere Übereinstimmung, »wenn man ... nicht die jetzigen Kontinentalränder, sondern die Ränder des Absturzes in die Tiefsee vergleicht«.[2] Darüber hinaus haben Wissenschaftler herausgefunden, dass sich bestimmte Merkmale auf verschiedenen Kontinenten fortsetzen. So existieren im Sudan gefaltete Gneismassive, die sich genau so in Guayana, Südamerika, wiederfinden. Paläontologen haben in Afrika und Südamerika Fossilien identischer Tier- und Pflanzenarten gefunden, die niemals den Atlantik überqueren konnten. Deshalb muss in grauer Vorzeit auf der Südhalbkugel eine Landverbindung zwischen Afrika und dem heutigen Brasilien bestanden haben. Man nennt sie Archhelenis. Auf der Nordhalbkugel soll das heutige Florida und die Nordwestküste Afrikas eine Brücke verbunden haben.

Die geltende Lehrmeinung besagt, dass diese Verbindungen irgendwann abgebrochen und im Meer versunken sind. Alle Wissenschaftler sind fest davon überzeugt, dass sich die massiven Kontinente nicht bewegen können. Wegener hingegen hält das Absinken für unwahrscheinlich, denn dann hätten sich dieselben Gesteinsschichten über den heutigen Atlantik hinweg, sprich über mehr als 5000 Kilometer, unverändert fortsetzen müssen. Wegener fährt munter fort in seinen Ausführungen, stellt weitere Gemeinsamkeiten zwischen Europa und Nordamerika fest. So erscheinen die Kohlelager Nordamerikas als die unmittelbare Fortsetzung der europäischen und »Fauna und Flora beiderseits zeigen nicht nur für die karbonische Zeit, sondern auch für die älteren Schichten eine mit wachsendem Beobachtungsmaterial immer klarer erkannte Identität«.

Auch auf der Südhalbkugel macht er verblüffende Übereinstimmungen aus, so dass es für ihn keinen Zweifel daran gibt, dass »auch Australien früher eine direkte Landverbindung sowohl mit Vorderindien wie mit Südafrika und Südamerika besessen hat«. Diese Idee ist nicht von ihm, schon der einflussreiche Wiener Geologe Eduard Suess hat Ende des 19. Jahrhunderts die Existenz eines südlichen Urkontinents vermutet und ihm den Namen Gondwanaland gegeben. Doch wieder deutet Wegener die Entwicklung dieses Kontinents anders als alle anderen Wissenschaftler: Es sind nicht Teile von ihm in den Ozeanen versunken, sondern die Kontinente haben sich in Bewegung gesetzt, so dass Gondwana-Land zerriss.

Wegener weiß natürlich um die Gewagtheit seiner Behauptungen, doch er veranschaulicht den anwesenden Gelehrten die Kontinentalverschiebung. Suess hat auch eine Theorie entwickelt, wonach die Kontinente aus Granit bestehen, der eine etwas geringere Dichte besitzt als der Basalt der Ozeanböden. Wegener behauptet nun, dass die spezifisch leichteren Kontinente in der dichteren, aber weichen Schicht der Ozeanböden schwimmen. Später wird er die driftenden Kontinente mit Eisbergen vergleichen, die im Wasser treiben und von denen nur ein kleiner Teil aus der Oberfläche herausragt. Im Grunde steht dahinter nichts weiter als das Auftriebsprinzip des Archimedes.

Es dürfte wohl ein ums andere Mal rumort haben im Auditorium, aber der junge Privatdozent aus Marburg fährt unbeirrt fort, erklärt die Gebirgsbildung als »Zusammenschub der Kontinentalschollen«, sieht in den »ostafrikanischen Gräben und ihrer Fortsetzung durch das Rote Meer bis zum Jordantal« eine beginnende Abspaltung. Argument an Argument reiht er aneinander, doch auf *eine* wichtige Frage hat er keine Antwort: Was ist die Ursache für die Bewegung der Kontinente?

Dies zu beantworten sieht Wegener sich »gegenwärtig wohl noch nicht in der Lage«. Er schlägt Gezeitenkräfte des Mondes oder Strömungen im Erdkörper als Ursache vor, aber die Zeit scheint ihm für eine Analyse der Ursachen noch nicht reif zu sein. Damit ist er bei den Zuhörern wohl endgültig unten durch. Von Diskussionen muss wegen der fortgeschrittenen Zeit abgesehen werden, aber bei dem abendlichen gemütlichen Beisammensein im Hotel Westminster dürften die Geologen noch lebhaft debattieren.

Ob Wegener hierbei selbst Rede und Antwort steht, wissen wir nicht, aber die Reaktion auf seinen Vortrag hat seine spätere Frau Else mit klaren Worten charakterisiert: »Er rief einen Sturm der Entrüstung hervor.«[3] Später sollten dann noch sehr deutliche und bisweilen polemische Repliken auf ihn niederprasseln: Von Phantasiegebilde über Fieberphantasie und Krustendrehkrankheit bis hin zur Polschubseuche werden ihm die lieben Kollegen alle möglichen Krankheiten vorwerfen.

Umso erstaunlicher ist nicht nur der Mut, mit dem Wegener den honorigen Wissenschaftlern entgegentritt, sondern auch die Unerschütterlichkeit, mit der er an seine Theorie glaubt. Und das, obwohl er von der Ursache der Kontinentaldrift keine klare Vorstellung hat. Noch eine Woche vor dem Vortrag hat er seinem zukünftigen Schwiegervater Wladimir Köppen geschrieben: »Ich glaube nicht, dass die alten Vorstellungen noch zehn Jahre zu leben haben.«[4] Darin irrt er sich. Wegener erlebt die Anerkennung seiner Theorie nicht mehr. Erst Jahrzehnte nach seinem Tod stoßen Forscher auf neue Beobachtungsergebnisse, die an seiner Kontinentaldrift-Theorie keinen Zweifel mehr lassen. Heute gehört sie zum Schulstoff.

*

Urgroßvater Prediger, Großvater Prediger, Vater Prediger – unschwer zu erraten, welche Laufbahn der jüngste Spross der Familie Wegener einschlagen sollte. Zum Glück kam es ganz anders. Alfred kam am 1. November 1880 zur Welt. Sein Vater leitete ein Berliner Waisenhaus und verdiente sich nebenbei Geld als Hilfsprediger hinzu. Doch die Familie liebte die Großstadt nicht und kaufte 1886 das Geburtshaus von Alfreds Mutter in Zechlinerhütte, einem kleinen Dorf im Norden Brandenburgs, nicht weit vom Müritz-See. Hier verbrachte die Familie so viel Zeit wie möglich. Vor allem Alfred und sein zwei Jahre älterer Bruder Kurt, mit dem er bis an sein Lebensende innig verbunden blieb, liebten die Natur.

Alfred interessierte sich schon bald für Physik und Chemie, Mutters Waschküche wurde zum Labor, wo die beiden Brüder ihr Taschengeld in Rauch aufgehen ließen. Die Schule bot in dieser Hinsicht wenig Aufregendes, weswegen Alfred sie nicht sonderlich mochte. Dennoch legte er 1899 das Abitur als Klassenbester ab. Ein Theologiestudium kam weder für Kurt noch für Alfred in Frage, womit die beiden mit einer mindestens 300 Jahre alten Familientradition brachen. Sehr zum Unwillen des Vaters.

Stattdessen schrieb sich Alfred im Oktober 1899 an der Friedrich-Wilhelms-Universität Berlin für Astronomie und Meteorologie ein. Auch Kurt studierte Naturwissenschaften in Innsbruck, Kiel und Berlin. Das zweite Semester absolvierte Alfred in Heidelberg, dann ging er für ein weiteres Semester nach Innsbruck, wo er mit Kurt viel Zeit bei Klettertouren in den Alpen verbrachte. Hier konnten beide das in ihnen steckende Abenteurertum ausleben, damals gab es weder markierte Wege noch gesicherte Kletterwände, auch die Alpenvereinshütten waren eine Seltenheit. Dadurch wurden die tagelangen Wanderungen über Gletscher und Gipfelbesteigungen mit Übernachtungen im Biwak zur echten Bewährungsprobe für die beiden jungen Männer.

Alfred war kein Mensch der Schreibtischarbeit. Er brauchte Bewegung und Natur. Deswegen wurde ihm trotz guter Promotion in Astronomie im Jahre 1904 und einer Assistentenstelle an der Wilhelm-Foerster-Sternwarte in Berlin schnell klar, dass die Himmelsforschung auf Dauer für ihn nicht in Frage kam. Zum einen sei dort schon alles im Wesentlichen bearbeitet, und zum anderen böte sie ihm keine Gelegenheit zu körperlicher Betätigung, meinte er.[5]

Interessanter erschien ihm da schon eine Anstellung an dem neu gegründeten Aeronautischen Observatorium in Lindenberg, südöstlich von Berlin, wo Kurt jüngst technischer Assistent geworden war. Hier untersuchte man die noch kaum bekannte Hochatmosphäre. Insbesondere die wissenschaftlichen Aufstiege mit Ballons reizten die tatenhungrigen Brüder. Schon im Mai 1905 stieg Alfred Wegener mit dem Physiker Arthur Berson, der mit einem Aufstieg bis auf 10 500 Meter den damaligen Höhenrekord hielt, erstmals in die Gondel eines Wasserstoffballons. Bei ihrer Fahrt erreichten sie eine Höhe von 5761 Metern, wo die Temperatur nur noch minus 20 Grad Celsius betrug. Wegener und Berson maßen unter anderem die elektrische Leitfähigkeit der Luft, außerdem nahm Wegener erstmals in der Ballonfahrerei eine systematische Reihe von astronomischen Positionsbestimmungen vor.

Es folgten weitere Fahrten, bei denen es bisweilen turbulent zuging. Vom 5. bis 7. April 1906 stellten Alfred und sein Bruder dann sogar ungewollt einen neuen Langzeitrekord auf. Nach dem Start in Bitterfeld nahmen sie Kurs auf Jütland, wo sie eigentlich landen wollten. Doch dann drehte der Wind und trieb sie wieder zurück. Ohne ausreichend Proviant und mit ungenügender Kleidung fuhren sie drei Tage und zwei Nächte lang umher. Nachts froren sie bei Temperaturen bis minus 16 Grad Celsius, tagsüber hungerten sie. Endlich, nach 52 Stunden und 22 Minuten, zogen sie – der Ohnmacht nahe – die Reißleine. Dieser Dauerrekord wurde erst sieben Jahre später gebrochen. »Beiden Brüdern lag jede Rekordsucht fern«, schrieb Else Wegener später, »aber wenn sie auf Schwierigkeiten stießen, wichen sie nicht zurück.«[6]

Diese Charakterstärke war eine entscheidende Voraussetzung für Alfred Wegeners späteren Erfolg. Den erlebte er indes nicht in luftigen Höhen, sondern im grönländischen Eis.

Zu Beginn des Jahres 1906 erfuhr Wegener zufällig von einer geplanten Grönlandexpedition, die unter der Leitung des dänischen Schriftstellers und Ethnologen Ludvig Mylius-Erichsen stattfinden sollte. Wegener hatte sich schon als Student für Grönland und die Arktis begeistert und bewarb sich um seine Teilnahme als Meteorologe.

Die Polargebiete galten noch als weitgehend unerforscht. Zwar hatte Fridtjof Nansen 1888 das grönländische Inlandeis durchquert, aber erst um die Wende zum 20. Jahrhundert kam die Polarforschung richtig in Schwung. Man war nun fest entschlossen, die im wahrsten Sinne des Wortes weißen Flecken auf der Erdkarte zu erkunden. Robert Peary brach 1905 zu einer legendären Expedition auf, bei der er im April 1906 – also kurz nachdem sich Wegener bei Mylius-Erichsen beworben hatte – dem Nordpol so nahe kam wie nie ein anderer zuvor. Auch der Südpol sollte erobert werden. Von 1901 bis 1903 hatte die erste deutsche Antarktisexpedition stattgefunden, doch erst 1911 sollte der Norweger Roald Amundsen als Erster den Südpol erreichen.

Es gab also noch viel zu tun für die Abenteurer und Forscher der damaligen Zeit, und das war genau nach dem Geschmack des unternehmungslustigen und wagemutigen Wegener. Der wollte auf der Reise die Atmosphäre mit Ballonen und Drachen untersuchen, die Messgeräte bis in Höhen von mehr als 3000 Meter tragen konnten. Allerdings war Wegener mit Drachenaufstiegen nicht vertraut, weswegen er sich an den Leiter der Drachenstation in Großborstel, Wladimir Köppen, wandte. Eine in zweierlei Hinsicht folgenreiche Kontaktaufnahme: Zum einen war es der Beginn einer lebenslangen Freundschaft zwischen beiden, zum anderen lernte er Köppens Tochter Else kennen, die er später heiratete.

Das Ziel der Expedition von Mylius-Erichsen bestand darin, die unbewohnte und schwer zugängliche grönländische Nordostküste zu erforschen. Das Unternehmen dauerte zwei Jahre, was bedeutete: zwei Überwinterungen im ewigen Eis. Wieder einmal war der Vater von Alfreds Entscheidung gar nicht begeistert, zumal dieser seine sichere Stelle am Aeronautischen Observatorium kündigen musste. Aber es half alles nichts.

Am 24. Juni 1906 legte der Dampfer ›Danmark‹ in Kopenhagen mit einer 28-köpfigen Besatzung unter lautem Jubel begeisterter Zuschauer ab und nahm Kurs auf Grönland. Anfangs fühlte sich Wegener etwas unwohl, weil er die dänische Sprache nicht beherrschte. Mit seiner zupackenden Art und seiner Arbeitsmoral wurde er aber rasch von der Besatzung akzeptiert. Seine Kajüte teilte er mit dem Kartographen Johan Peter Koch, der gut Deutsch sprach.

Am 15. August lief die Danmark bei Kap Bismarck in eine kleine Bucht ein, die die Forscher Danmarkshaven tauften. Hier sollte das Schiff zwei Jahre vor Anker liegen und als Basislager dienen. An Land errichteten sie eine bescheidene Holzhütte, genannt ›Villa‹. Sie war meteorologische Station und Überwinterungshaus für Wegener, Koch und zwei weitere Teilnehmer. Von Danmarkshaven aus starteten mehrere Expeditionen die Küste entlang sowie ins Inland. Wegener nahm an dreien davon teil.

Dann kam die Polarnacht. Nicht alle Expeditionsteilnehmer steckten die ewige Dunkelheit problemlos weg, hin und wieder kam es zu kleineren Streitigkeiten. Für Wegener wurde es eine prägende Erfahrung. Anfang November brach er zusammen mit Koch und dem Steuermann der ›Danmark‹ zu einer vierwöchigen Schlittenfahrt auf – die erste Nachtfahrt einer europäischen Expedition. Für Wegener wurde es zu dem »Phantastischsten, was es auf Erden geben kann«.

Aber es wurde auch extrem anstrengend: Die Temperatur sank bis auf minus 30 Grad Celsius, von den Gezeiten am Ufer hochgedrückte und verdrehte Eisschollen, sogenanntes Schraubeis, behinderten die Fahrt. Hinzu kam das Gefühl trostloser Verlassenheit. Wegener war gleichermaßen fasziniert und erschrocken. In seinem Tagebuch schilderte er diese intensiven Eindrücke während einer Hundeschlittenfahrt mit geradezu poetischen Worten: »Lautlos gleitet der Schlitten über diese ebene Schnee- und Eiswüste dahin. Meist hatte ich den Eindruck, als führe ich über ein endloses Nichts hinweg.«[7] Später beschrieb er das schmerzliche Fehlen visueller Eindrücke mit den Worten: »Es dreht sich alles um einen Punkt: Man entbehrt Eindrücke. Welche Befreiung empfindet man, wenn man einmal zur Mittagszeit die Berge der nächsten Umgebung, wenn auch nur in Umrissen, erkennt, welche Unternehmungslust schöpft man aus einem einzigen solchen Anblick! … Es ist merkwürdig, bis zu welchem Grade das Verlangen nach äußeren Eindrücken geht. Mit dem allergrößten Interesse sieht man die Photos durch, die man selbst angefertigt hat, man blättert rastlos in allen möglichen Büchern. Man liebt die elende Petroleumlampe, die über dem Tisch hängt, und hasst alle Arbeit draußen in der Dunkelheit.«[8] Und: »Wie sie kalt und schweigend daliegen, diese harten, von gewaltigen Naturkräften einst polierten Felsenhügel! Nichts regt sich, selbst das Meer liegt in eisiger Starre, überglitzert vom Mondschein, der mit Mühe durch einen Schleier von Eiskristallen dringt … Stille, nichts als Stille – Totenstille. Nur eine Naturkraft ist hier wirksam, sie arbeitet still, aber unaufhörlich, die Kälte. Ihr Ziel ist die Versteinerung der gesamten Natur.«[9]

Ende März 1907 brachen dann vier Teams mit unterschiedlichen Zielen zu Schlittenexpeditionen auf. Zwei Gruppen mit jeweils drei Teilnehmern fuhren Richtung Norden, um das Land bis zum nordöstlichen Zipfel Grönlands, dem Pearyland, zu kartografieren. Die beiden anderen, jeweils aus zwei Männern bestehenden Gruppen sollten ebenfalls Vermessungsarbeiten vornehmen, aber auch Depots für die beiden anderen Teams anlegen. Hierzu gehörte Wegener. Zwei Monate war er zusammen mit seinem Kollegen Gustav Thostrup unterwegs. Unter schweren Entbehrungen und am Rande der totalen Erschöpfung kehrten sie am 30. Mai 1907 wieder nach Danmarkshaven zurück. Zwei weitere Teams trafen ein, doch auf den Schlitten von Mylius-Erichsen und seine beiden Begleiter warteten sie vergebens. Erst ein Jahr später fand ein Suchtrupp die Leiche von einem der drei Expeditionsteilnehmer. Jörgen Brönlund lag erfroren in einer Erdhöhle. Sein Tagebuch schilderte den Tod von Mylius-Erichsen und dessen Begleiter. Sie waren Mitte November 1907 auf dem von Spalten zerfurchten Inlandeis umgekommen. Ihre Leichname wurden nie gefunden.

Im Juli 1908 legte die ›Danmark‹ ab und stampfte gen Heimat. Wegeners wissenschaftliches Programm wurde ein großer Erfolg: Insgesamt gelangen teils unter sehr großen Anstrengungen 125 Drachen- und (unbemannte) Fesselballonaufstiege bis in 3100 beziehungsweise 2400 Meter Höhe. Sie blieben für mehr als ein Vierteljahrhundert die einzigen in der Polarregion. Außerdem beobachtete und beschrieb er Polarlichter, Luftspiegelungen und atmosphärische Erscheinungen wie Halos und Nebensonnen. Die Ergebnisse veröffentlichte er in einer dänischen Zeitschrift.

Wieder in der Heimat berichtete er auf Tagungen über seine meteorologischen Studien und erhielt an der Universität Marburg eine Stelle als Privatdozent. Dort erlebte er geradezu eine Eruption seiner wissenschaftlichen Schaffenskraft. Bis zum Frühjahr 1911 schrieb er mehr als vierzig Veröffentlichungen und verfasste ein Lehrbuch über die ›Thermodynamik der Atmosphäre‹. Die Diskussionen über dieses Buch waren der Beginn einer intensiven Zusammenarbeit mit seinem Schwiegervater in spe Wladimir Köppen.

In dieser Zeit entwickelte Wegener auch seine Theorie der Kontinentaldrift. Von einem einschneidenden Erlebnis Ende 1910 berichtete er Else Köppen in einem Brief: »Mein Zimmernachbar Dr. [Emil] Take hat zu Weihnachten den großen Handatlas von Andree bekommen. Wir haben stundenlang die prachtvollen Karten bewundert. Dabei ist mir ein Gedanke gekommen. Sehen Sie sich doch bitte mal die Weltkarte an: Passt nicht die Ostküste Südamerikas genau an die Westküste Afrikas, als ob sie früher zusammengehangen hätten? Noch besser stimmt es, wenn man die Tiefenkarte des Atlantischen Ozeans ansieht und mit den Rändern des Absturzes in die Tiefsee vergleicht. Dem Gedanken muss ich nachgehen.«[10]

Etwa zur gleichen Zeit, aber unabhängig von Wegener und ohne dessen Wissen, beschäftigten sich in den USA der Astronom William Henry Pickering und der Geologe Frank Bursley Taylor mit der Frage, ob die Kontinente früher miteinander verbunden waren. Auch der italienische Geologe und berühmte Violinist Roberto Mantovani ging von einem Urkontinent aus, der später zerriss. Allerdings vermutete er als Ursache eine sich ausdehnende Erdkugel. Die Idee der Kontinentaldrift schien also in der Luft zu liegen, aber niemand entwickelte sie auch nur annähernd so weit und wissenschaftlich fundiert wie Wegener. Um seine Idee untermauern zu können, benötigte er weitere Forschungsergebnisse. Die erhielt er Ende 1911 aus einer Arbeit über paläontologische Gemeinsamkeiten von Brasilien und Afrika. Auch aus anderen Gebieten sammelte er akribisch Forschungsergebnisse, die er mit der Kontinentaldrift erklären konnte.

Am 6. November 1911 schrieb er Köppen: »Ich glaube doch, Du hältst meinen Urkontinent für phantastischer, als er ist, und siehst noch nicht, dass es sich lediglich um Deutung des Beobachtungsmaterials handelt ... Ein Kontinent kann nicht versinken, denn er ist leichter als das, worauf er schwimmt.«[11]

Köppen konnte sich indes nur schwer für diese revolutionäre Idee erwärmen und warnte Wegener vor einer Veröffentlichung. Insbesondere mutmaßte er, dass die Geophysiker, Geologen und Paläontologen dem Meteorologen Wegener als Außenseiter misstrauen würden. Mit dieser Prophezeiung sollte Köppen recht behalten.

Doch Wegener war von seiner Idee fest überzeugt und scheute die Konfrontation mit allen anderen Gelehrten nicht. Am 6. Januar 1912 kam es zu dem eingangs geschilderten denkwürdigen Vortrag im Frankfurter Senckenberg-Museum. Wenig später erschienen die zwei erwähnten Veröffentlichungen.

Ein wesentliches Element seiner Theorie war das Konzept der Isostasie. Es geht auf Messungen der Schwerkraft zurück, die Geophysiker auf der ganzen Welt ausführten. Aus den Ergebnissen hatte der britische Astronom George Airy geschlossen, dass sich unter den Gebirgen eine Basaltschicht mit höherer Dichte befindet, in der sie wie Eisberge schwimmen. Die Kontinente wurzeln gewissermaßen in der Basaltschicht. Dasselbe gilt für die Ozeanböden. Da die Gebirge aber massereicher sind als der Ozeanboden, sinken sie auch tiefer ein als dieser.

Während sich Wegener mit dem Prinzip der Isostasie auf gesichertem Grund befand, hatte er für ein anderes, damals heiß diskutiertes Thema eine der Lehrmeinung widersprechende Erklärung: die Gebirgsbildung. Eduard Suess hatte sie 1885 in seinem einflussreichen vierbändigen Werk ›Das Antlitz der Erde‹ dargelegt, diese basierte auf einem Konzept des Franzosen Elie de Beaumont aus dem Jahre 1829. Der wiederum ging davon aus, dass die Erde als heißer Glutball entstanden ist und seitdem langsam abkühlt und schrumpft. Hierbei treten in der bereits erstarrten Erdrinde immer wieder Risse und Faltungen auf, die sich zu den gewaltigen Gebirgen auftürmen. Man kann dies mit der Runzelbildung in der Schale eines vertrocknenden Apfels vergleichen. Berühmt wurde Suess' Ausspruch: »Der Zusammenbruch des Erdballs ist es, dem wir beiwohnen«, den Wegener in seinem Vortrag auch zitierte.

Sueß galt unter Geologen als *die* Autorität, sein Wort war Gesetz. Wegener und wenige andere Geophysiker hegten jedoch so ihre Zweifel. So könne die Erdoberfläche nach ihrer Meinung durch das Schrumpfen nur eine »gleichmäßige Runzelung« erfahren, und das geforderte Versinken großer Kontinentalschollen sei damit gar nicht erklärbar. Außerdem geriet die Kontraktionshypothese ins Wanken, nachdem Henri Becquerel gegen Ende des 19. Jahrhunderts den radioaktiven Zerfall entdeckt hatte. Hierbei wird Strahlung frei, die das umgebende Material erwärmt. Da überall im Gestein radioaktives Material existiert, stellte Wegener die Frage, »ob die Temperatur des Erdinnern nicht im Steigen begriffen sei«. Nach seiner Theorie entstanden die Gebirge bei der Kollision von Kontinentalplatten. »So erklärt sich auf diese Weise auch das allmähliche Emportauchen der Kontinente aus den Ozeanen.«[12]

Wie eingangs geschildert, konnte Wegener jedoch nicht erklären, was die Kontinente antreibt, auch wenn er mit der vagen Andeutung, dass die Verschiebungen eine Folge von zufälligen Strömungen im Erdkörper seien, nicht ganz falschlag. Am Ende seines Vortrags ging Wegener auf eine für ihn ganz entscheidende Schlussfolgerung ein, mit der sich seine Theorie überprüfen ließ. Wenn die Kontinente sich in der Vergangenheit bewegt haben, dann dürften sie dies auch heute noch tun. Und das müsste man eigentlich messen können.

Wegener machte auch gleich eine Rechnung auf. Aus geologischen Untersuchungen folgerte er, dass Skandinavien und Grönland sich vor 50 000 bis 100 000 Jahren voneinander getrennt hatten. Bei gleichförmiger Geschwindigkeit würde das eine Verschiebung zwischen 14 und 28 Metern pro Jahr be-

deuten – ein Wert, den man damals mit astronomischer Orts-
bestimmung durchaus hätte messen können.

Nordamerika und Europa, so meinte er, müssten sich langsamer voneinander entfernen. In den Jahren 1866, 1870 und
1892 hatten Forscherteams die Längengrade in Cambridge
(USA) und Greenwich (Großbritannien) sehr genau vermessen. Aus den Messdaten glaubte Wegener eine Drift von vier
Metern pro Jahr ableiten zu können. Das hätte allerdings bedeutet, dass die beiden Kontinente erst vor einer Million Jahren auseinandergerissen worden wären, was den paläontologischen Erkenntnissen widersprach.

Wegener war sich bewusst, dass die damaligen Messwerte
noch sehr ungenau waren, weswegen er mahnte, es müssten
»genauere Feststellungen abgewartet werden, ehe man den
Nachweis von Horizontalverschiebungen der Kontinentalschollen im Sinne unserer Hypothese als erbracht ansehen darf«.[13]
Heute ist klar, dass Wegener die Verschiebungsraten der Kontinente um das Hundertfache überschätzt hat. Sie liegen im Bereich von einigen Zentimetern pro Jahr und konnten erst lange
nach seinem Tod zweifelsfrei gemessen werden. Nach der
Veröffentlichung seines Vortrags wollte Wegener weitere Fakten sammeln, um seine Theorie zu stützen. Doch diese Arbeit
musste er verschieben, weil eine erneute Grönlandexpedition
anstand. Schon im Frühjahr 1911 hatte ihn Johan Peter Koch in
Marburg besucht und von einer geplanten Grönlanddurchque-
rung erzählt. Diesen Wunsch hegte Wegener schon seit seiner
Studienzeit, so dass sie sich rasch auf eine gemeinsame Expedition in dieses unbekannte Gebiet einigten.

Geplant war eine Anreise bis in das ihnen wohlbekannte
Danmarkshaven. Von dort aus sollte zunächst eine Vorexpedition auf Island stattfinden, vor allem, um den Umgang mit
Pferden zu erproben. Das Hauptziel, die Ost-West-Überque-
rung von Grönland, müsste dann mit einer Überwinterung
stattfinden. Hierbei wollten sie die gesamte zwanzig Tonnen
schwere Ausrüstung mitnehmen.

Am 21. Juli erreichte das Schiff ›Godthaab‹ Danmarkshaven. Ausrüstung und Pferde wurden entladen und zunächst hundert Kilometer weiter nach Westen bis nach Kap Stop transportiert, wo das Inlandeis begann. Von hier aus musste das gesamte Material auf den Gletscher geschafft werden – ein äußerst mühsames und, wie sich zeigte, auch sehr gefährliches Unterfangen.

Wegener und Kollegen hatten ihre Zelte auf dem Gletscher aufgebaut. In der Nacht zum 30. September schreckten sie plötzlich hoch. »Welch eine Nacht! Es ist ein fast unbegreifliches Wunder, dass wir noch am Leben sind«, schrieb Wegener in sein Tagebuch und fuhr fort: »Ich erwachte vom Krachen im Eise. Daran war nun zunächst nichts Merkwürdiges, das hatten wir ja hier alle Augenblicke tags und nachts, aber das Krachen dauerte an, und bald mischte sich ein anderer, früher noch nicht gehörter Laut hinein. Es war wie ein Sausen und Zischen und Knirschen, anscheinend von der ganzen Gletscherfront herkommend und lange anhaltend. Und in diesen höchst unheimlichen, wenngleich keineswegs ohrenbetäubenden Laut mischte sich das Poltern herabfallender Eisblöcke seitwärts und sogar hinter, also landwärts, dem Zelt. Jede Spur von Schläfrigkeit war wie weggeblasen, es war sofort klar: jetzt kalbte der Gletscher.«

Die Scholle, auf der ihr Zelt stand, schwankte, das Zelt neigte sich, und dann erblickte Wegener im Mondlicht, dass dreißig Meter von ihnen entfernt ein 15 Meter hoher Eisberg in die Höhe ragte: Es war die andere Hälfte ihrer Scholle, die abgebrochen und gekentert war. Überall lagen Eisblöcke herum, und »im Meer wuchs eine Eismauer empor, höher und höher, brausend und zischend … Unsere Zeltscholle war fortwährend in wogender Bewegung«.[14]

Es war wirklich ein Wunder, dass niemandem etwas passiert war, auch die Pferde hatten keinen Schaden genommen. Hätten sie einige Meter weiter gecampt, hätten weder Männer noch Tiere dieses bedrohliche Naturschauspiel überlebt.

Anfang Oktober begann die Mannschaft mit dem Aufbau des Winterhauses ›Borg‹. Dabei handelte es sich um einen 6,5 Meter langen und 5,5 Meter breiten Sperrholzverschlag, an dessen Längsseiten eine Vorratskammer und der Pferdestall angrenzten. Vier Bänke dienten tagsüber als Sitzplätze und nachts als Betten, ein Petroleumofen heizte das Domizil, nachts fiel die Temperatur im Innern trotzdem bis auf minus 10 Grad Celsius. Von der Hütte aus hatten die Männer einen Rundumblick bis zum Horizont, was für die meteorologischen Messungen und Beobachtungen wichtig war. Erstmals führten die Forscher auch Bohrungen im Eis bis in 24 Meter Tiefe aus – ein aufwändiges Unterfangen, bei dem mehrere Male das Bohrgestänge in dem stahlharten Eis abbrach. An den Bohrkernen studierten sie die jahreszeitlichen Schichtfolgen, und im Bohrloch maßen sie den Temperaturverlauf.

Vier Monate lang hausten die Männer während der Polarnacht in dieser Hütte, bis sich am 14. Februar 1913 zum ersten Mal wieder die Sonne für kurze Zeit am Horizont zeigte. »Sonnenschein im Hause! In dieser verräucherten, rußgeschwärzten Giftbude, deren einst weiße Decke längst nicht mehr grau, sondern schwarz, pechschwarz ist – Sonnenschein!«,[15] notierte Wegener in seinem Tagebuch.

Im März ging es dann los. Zunächst wollten sie landeinwärts ein Zentraldepot anlegen, weitere kleinere Depots sollten zusätzliche Lebensmittel enthalten. Einen ersten Versuch mussten sie aufgeben, nachdem Koch zwölf Meter tief in eine Gletscherspalte gefallen war und sich den Unterschenkel gebrochen hatte. Endlich, am 20. April brachen sie zur Durchquerung der grönländischen Eiswüste auf. Rund 1200 Kilometer und bis zu 3000 Meter hohe Berge lagen vor ihnen. Es war ein täglicher Kampf, mal gegen das gleißend helle Sonnenlicht, das die Gesichtshaut verbrannte und in Fetzen herabhängen ließ, anderntags gegen Wind und Schneetreiben. Auf weiten Strecken versanken Mensch und Tier bis zu den Hüften im Tiefschnee. Die endlose weiße Wüste machte die Männer schweigsam, eine Fuchsspur gab ihnen für drei Tage Gesprächsstoff.

Ein Pony nach dem anderen starb vor Entkräftung, so dass die Männer einen Teil des Tierkraftfutters selbst essen konnten. Schließlich war nur noch das stärkste Pferd am Leben: Grauni. Die Männer liebten es und taten alles, um es am Leben zu halten. Sie gaben ihm von ihrem Brot, und als Grauni immer schwächer wurde, schirrten sie ihn vom Schlitten ab und ließen ihn hinterdreintrotten. Schließlich legten sie das schwache Pony sogar auf den Schlitten und zogen es. Am 4. Juli hatten sie sich ihrem Ziel, der Westküste, bis auf sechs Kilometer genähert, alles schien gut auszugehen. Doch für Grauni war es zu spät. Die Männer mussten ihn erschießen. »Der arme Kerl«, schrieb Wegener, »so hat die Wüste noch in letzter Stunde ihr Opfer eingeheimst.«[16]

Um ein Haar hätte es die Männer auch noch erwischt. Sie wollten nämlich noch den Küstenort Pröven erreichen. Für diesen Weg hatten sie maximal sechs Tage veranschlagt, doch dann taten sich unerwartete Schwierigkeiten auf. Zerrissene Eisfelder, angeschwollene Bäche und eine zerklüftete Landschaft ließen sie nur langsam vorankommen. Schließlich war der Proviant aufgebraucht, die Kleidung durchnässt, Zelte hatten sie nicht mitgenommen.

Sie waren völlig erschöpft und der Ohnmacht nahe, Koch konnte nichts mehr sehen. Wegener ging es noch am besten, doch auch er schrieb verzweifelt: »Ich *will* leben, ich *will* Pröven erreichen, und wenn der Himmel einstürzt.«[17] Rettung nahte in Gestalt des Pastors Chemnitz, der in einem Boot auf dem nahen Fjord unterwegs war, um Konfirmanden einzusammeln. Er hörte das Rufen und die Signalschüsse der Männer und nahm sie auf. Schon drei Stunden später waren sie in Pröven, wo sie die Einheimischen begeistert empfingen und wieder aufpäppelten.

Wegener und seine Freunde hatten auf dem Eis eine doppelt so weite Strecke zurückgelegt wie ihr Vorgänger Nansen im

Jahre 1888. Wegener sprach später von seiner erfolgreichsten und glücklichsten Unternehmung.

Wieder zu Hause stand nun endlich die verschobene Hochzeit mit Else Köppen an. Seine Stellung als Privatdozent an der Universität Marburg konnte Wegener wiederaufnehmen, sogleich stürzte er sich in die Arbeit. Viele Beobachtungen flossen in sein Buch ›Elementare Theorie der atmosphärischen Luftspiegelungen‹ ein, weitere Ergebnisse veröffentlichte er in den ›Grönländischen Mitteilungen‹. Doch dann unterbrach ein Großereignis der Geschichte seine Produktivität: Der Erste Weltkrieg brach aus.

Es folgten vier Jahre, die Wegener quer durch Europa führten. Zunächst kämpfte er an der Westfront, dann versetzte man ihn in den Heereswetterdienst, wo er in Mühlhausen, Jüterborg und zuletzt in Sofia Dienst tat. Doch auch in dieser Zeit nutzte er jede Gelegenheit für wissenschaftliche Arbeit. Im Februar 1915 schrieb er, mit der Kontinentalverschiebung mache er gute und unerwartete Fortschritte. Daneben beschäftigte er sich intensiv mit der Schallausbreitung in der Atmosphäre, mit Wind- und Wasserhosen in Europa und der Entstehung der Mondkrater. Hier kam er zu der richtigen Deutung, dass sie die Folge von Meteoriteneinstürzen sind.

Besonderes Interesse erregte der Bericht einer leuchtenden Feuerkugel, die am Nachmittag des 3. April 1916 zwischen Marburg und Kassel über den Himmel raste und von lautem Donner begleitet wurde. Akribisch wie immer wertete Wegener alle verfügbaren Berichte aus und kam zu dem Schluss, dass es sich um einen Eisenmeteoriten gehandelt haben müsse, der in der Nähe von Treysa niedergegangen sei. Tatsächlich fand im Frühjahr 1917 ein Förster den 63 Kilogramm schweren Eisen-Nickel-Meteoriten. Er wurde ins Mineralogische Institut der Universität Marburg gebracht und untersucht. Der Meteorit von Treysa ist heute das bedeutsamste Exponat der Meteoritensammlung des Mineralogischen Museums in Marburg. Sogar ins Guiness-Buch der Rekorde hat er es geschafft: als

Deutschlands größter aufgefundener Meteorit, dessen Absturz beobachtet wurde.

Nach dem Krieg kehrte Wegener nach Marburg zurück, doch im folgenden Jahr ernannte man ihn als Nachfolger seines Schwiegervaters Wladimir Köppen zum Leiter der Abteilung meteorologische Forschung der Deutschen Seewarte in Hamburg. Kurz darauf berief man ihn als außerplanmäßigen Professor an die neu gegründete Universität Hamburg. Wegener zog mit seiner Frau und der vierjährigen Tochter Hilde in das Haus der Schwiegereltern in Großborstel. Als schließlich auch noch Bruder Kurt eine Anstellung in der Seewarte erhielt, war das familiäre Glück perfekt. Und nicht nur das: Wladimir Köppen freundete sich zunehmend mit der Kontinentalverschiebungs-Theorie seines Schwiegersohns an und wurde dessen Mitstreiter.

Schon im Sommer 1914 hatte man Wegener dazu eingeladen, einen ausführlicheren Aufsatz darüber zu veröffentlichen. Der Krieg unterbrach zwar sein Schaffen, aber ein Genesungsurlaub nach einer Kriegsverletzung ermöglichte ihm die Arbeit daran. Im April 1915 erschien das 94-seitige Werk ›Die Entstehung der Kontinente und Ozeane‹. Es bildet einen Wendepunkt in der Geschichte der Erderforschung und gilt heute geradezu als Kultbuch. Exemplare der ersten Auflage sind antiquarisch kaum noch zu bekommen.

Ganz systematisch führte Wegener hierin noch einmal viele Argumente gegen die Kontraktionstheorie ins Feld und erklärte die Theorie der schwimmenden Kontinente. Die Entstehung der Faltengebirge war für ihn ein wichtiger Hinweis auf das Zusammenschieben von Kontinenten: »Auch Tafelländer lassen ja die Faltung des Urgesteins meist noch deutlich erkennen, durch welche sie dem Urmeere entstiegen sind«,[18] schrieb er. Auch auf Bruchstellen, wie die mittelrheinische Tiefebene und die ostafrikanischen Gräben, ging er detailliert ein und fügte eine Reihe von geologischen Befunden an, die dafür sprachen, dass hier Kontinente zerreißen. Das wichtigste Beweismaterial für seine Theorie sah er jedoch in den paläontologischen und geologischen Gemeinsamkeiten der Kontinente.

Schließlich diskutierte er noch einen weiteren unter Geophysikern sehr umstrittenen Punkt: Sind die beiden Pole in der Vergangenheit gewandert? So hatten einige Wissenschaftler aus Klimaänderungen geschlossen, dass der Nordpol im Laufe des Tertiär (65 bis 2 Millionen Jahre vor unserer Zeit) von der Gegend der Behringstraße um 20 Grad bis nach Grönland gewandert ist. Die Argumentation ist einfach: Es gab Anzeichen für ehemals heiße Klimaphasen in den heutigen Polarregionen (zum Beispiel versteinerte Mammutbäume in Spitzbergen), während es gleichzeitig Hinweise auf Vergletscherungen in der heutigen Äquatorialgegend gab (Moränen in Indien). Ging man davon aus, dass die Kontinente ihre Lage nicht verändert haben, dann mussten sich die Klimazonen verschoben haben, was sich durch eine Wanderung der Pole erklären ließ. Nach Wegeners Theorie war dies gar nicht nötig: Die Kontinente selbst waren durch unterschiedliche Klimazonen hindurchgewandert. Dennoch hielt Wegener eine Polwanderung zum Beispiel als Folge der Kontinentverschiebungen für möglich, weil sich dadurch die Massenverteilung auf der Erdkugel veränderte.

Kaum war sein Buch erschienen, sammelte Wegener aus allen relevanten Disziplinen weitere Argumente zur Unterstützung seiner Theorie. Sein Werk ist deshalb ein bewundernswertes Beispiel eines interdisziplinären Denkansatzes, sein Arbeitseifer war nahezu unbegrenzt. Nicht selten kam es vor, dass er sich bei seinen Gästen entschuldigte und in seinem Arbeitszimmer verschwand. Von der ersten Auflage seines Buches besaß er ein Sonderexemplar, das zu jeder bedruckten Seite eine gegenüberliegende Leerseite besaß. Hier trug er Anmerkungen, Ergänzungen und Korrekturen für die nächste Ausgabe ein. Auch sein Schwiegervater trat nun zunehmend in die Diskussion ein. Oft wartete er zu Hause ungeduldig auf Wegeners Rückkehr von der Seewarte, um neue Argumente mit ihm zu erörtern. Köppen trug zudem immer einen Globus in der Tasche, um jederzeit seine Überlegungen über Klimazonen überprüfen zu können. In Wegeners Arbeitszimmer stand hierfür ein großer Globus. Der war auch deshalb wichtig, weil manche Kritiker ihre Gegenargumente anhand von Karten vorbrachten. Diese aber verzerren die wahren Proportionen. So verlaufen bei der häufig verwendeten Mercator-Projektion die Längengrade parallel, was insbesondere die Polgegenden stark vergrößert darstellt.

Nach der Veröffentlichung des Buches erhielt Wegener einige Briefe von Kollegen, die sich teilweise in polemischer Form gegen seine Theorie aussprachen. Ein Hauptgrund für die Ablehnung war wohl auch, dass Wegener kein Geologe war, sondern Meteorologe. Was konnte so einer schon von der Erdgeschichte verstehen. Der Geologe Max Semper empfahl Wegener, die Geologie doch besser nicht weiter zu beehren, sondern Fachgebiete aufzusuchen, die bisher noch vergaßen, über ihre Haustüre zu schreiben: »O heiliger Sankt Florian, verschon dies Haus, zünd' andre an!«[19] Vielleicht war es aber gerade das Außenseitertum, das Wegener den Mut gab, diesen unkonventionellen Gedanken zu verfolgen. Auf jeden Fall ließ er sich von den Kritikern um keinen Millimeter von seinem Weg abbringen.

Nach dem Krieg verbreitete sich die Theorie immer mehr. Wegener schrieb nun auch Beiträge für populäre Zeitschriften und hielt Vorträge. Tatsächlich hatten einige Konferenzen hauptsächlich die Kontinentalverschiebung zum Thema. 1921 gab es eine Doppeltagung in Berlin, wo Wegener zunächst vor Meteorologen und dann vor Geographen sprach. Führende Wissenschaftler wie der Geograph Walther Penck sowie die Geologen Hans Stille, Franz Kossmat und Hans Closs lehnten Wegeners Hypothese strikt ab.

Geradezu überwältigt zeigte sich indes der aus Kroatien stammende Mathematiker Milutin Milankovic: »Ich stehe noch ganz unter dem Eindruck Ihres glänzenden Vortrags …

Dass sich alle geologischen Details in das von Ihnen entworfe-
ne Bild nicht ohne weiteres hineinfügen lassen, stört mich
nicht im mindesten ... Denjenigen hingegen, welche ihr ganzes Leben nur Tatsachen gesammelt und aufgezeichnet haben, mangelt die Fähigkeit, hinter diese Tatsachen tiefer zu
blicken.« Sein ehemaliger Expeditionskollege Koch meinte
nur:»Die Herren sind wie die Kontinentalschollen, sie lassen
sich nur durch ungeheuere, durch geologische Zeiträume wir-
kende Kräfte bewegen.«[20] Und der Geologe Wilhelm Eckardt
hielt es in den Naturwissenschaften mit Schopenhauer:»Der
Wahrheit ist ein kurzes Siegesfest beschieden, zwischen den
beiden langen Zeiträumen, wo sie als paradox verdammt und
als trivial gering geschätzt wird.«[21]

Die Kritik der Koryphäen entmutigte Wegener keineswegs,
ganz im Gegenteil: Sie schien ihn eher anzustacheln. Im Jahr
1920 erschien die zweite, erheblich erweiterte und veränderte
Ausgabe seines Buchs. Hierin verwendete er für den Urkontinent auch erstmals den Begriff»Pangäa«, der sich von »pan«
(alles, umfassend) und »gaia« (Erde) herleitet. Doch kaum
war das Buch erschienen, suchte er schon nach weiteren Ar-
gumenten:»Steinkohle der Kreide in Norddeutschland und
Nordamerika. Alttertiär: Gips in Frankreich, Schweiz, Algier«,
lesen wir beispielsweise in seinen Notizen. Ein besonderes
Gewicht legte er auf Salzvorkommen »in sämtlichen Staaten
der Erde«. Kurios erscheint eine Anmerkung über die Ausrichtung der Pyramiden von Gizeh, die bereits 1886 erschienen
war und auf die ihn der Geograph und Meteorologe Otto Ba-
schin aufmerksam machte. Demnach verlaufen die Pyrami-
denseiten bis auf eine halbe Bogenminute genau parallel, aber
die Gesamtausrichtung weicht um fünf Bogenminuten von
der exakten Westrichtung ab. Schon damals hatte der Autor
dieses Berichts vermutet, dass diese Abweichung mit einer
Längengradverschiebung erklärt werden könne.[22]

Was Wegener aber »am meisten, oder besser gesagt, fast allein beunruhigt, ist der Umstand, dass ich auf die Frage nach

den wirkenden Kräften keine Antwort zu finden weiß«. Doch mit der Hypothese seines Grazer Kollegen Otto Ampferer von Magmaflüssen im Erdinnern war er auf dem richtigen Weg: »Unterströmungen haben Amerika nach W[esten] geführt.«[23]

Unentwegt sammelte Wegener Forschungsergebnisse, um den Indizienbeweis für seine Theorie immer überzeugender zu machen. Schon 1922 erschien die dritte Auflage seines Buches, die sich wieder wesentlich von der vorherigen unterschied. So legte Wegener hier nicht mehr so viel Gewicht auf die Argumente aus der Paläoklimatologie. Nicht, weil er diese mittlerweile für unwichtig hielt, sondern weil er gemeinsam mit seinem Schwiegervater ein Buch über ›Die Klimate der geologischen Vorzeit‹ verfasst hatte, das 1924 erschien. Köppen war zu dem Zeitpunkt bereits 78 Jahre alt, aber geistig topfit. In diesem Buch wandten die beiden erstmals die Theorie der Kontinentalverschiebung konsequent auf paläoklimatische Probleme an.

Während Wegener weiter an seiner Theorie feilte, ergab sich plötzlich die Gelegenheit für einen beruflichen Aufstieg. Im April 1924 wurde er an die Universität Graz berufen, wo es einen der ganz wenigen Lehrstühle für Meteorologie gab. Mit Sack und Pack zog die mittlerweile fünfköpfige Familie nach Österreich, wo sie die glücklichste Zeit ihres Lebens verbrachte. In der knapp bemessenen Freizeit wanderte und kletterte die Familie oft in den Bergen, so dass Wegener bald alle Gipfel kannte. Für Geselligkeit mit Freunden blieb indes wenig Zeit, weil Wegener die Abende zum Arbeiten brauchte. Bei seinen Studenten war er äußerst beliebt, nicht zuletzt, weil er manchmal von seinen faszinierenden Expeditionen erzählte und dazu Fotos herumreichte.

In Graz trug er weiter Fakten für die vierte Auflage seines Buches zusammen. Währenddessen erschienen nun auch nach und nach Übersetzungen der dritten Auflage im Ausland. Die Reaktionen waren immer noch überwiegend ablehnend. In Frankreich meinte der Geologe Pierre Termier, Wegeners Theorie wirke auf ihn wie der Traum eines großen Poeten, der sich in Dampf und Rauch auflöse, sobald man nach ihm greife. In Belgien wurde die Theorie in Bausch und Bogen verworfen, ähnlich wie in Italien. Überraschend unvoreingenommen, pragmatisch und positiv erwiesen sich die Wissenschaftler in den Niederlanden und der Schweiz. Der schweizerische Geologe Elie Gagnebin wunderte sich 1922, dass man in Frankreich lebhaft über Einstein und Freud diskutieren würde, aber nicht über Wegener.

In New York kam es 1926 zu einem denkwürdigen Symposium der American Association of Petroleum Geologists. Es wirkte wie ein öffentliches Schiedsgericht, bei dem der Geologe Willem van Waterschoot van der Gracht als einziger Verteidiger auftrat und die Theorie Wegeners vortrug, der selbst nicht anwesend war. Fast alle Teilnehmer lehnten die Kontinentaldrift kategorisch ab. Unwissenschaftliches Arbeiten war noch einer der geringen Vorwürfe. Der Paläontologe Eduard Berry meinte, das Ende sei ein Zustand der Berauschtheit, worin man die subjektive Hypothese als objektive Wahrheit betrachte. Nach dieser vernichtenden Niederlage war die Kontinentaldrift-Theorie in den USA für vierzig Jahre nahezu tot.

Derweil arbeitete Wegener unentwegt weiter. 1929 erschien sein Werk in der vierten Auflage. Aus dem ursprünglich 17-seitigen Vortragsartikel war mittlerweile ein 230 Seiten umfassendes Buch geworden. Wieder einmal hatte er viele neue Informationen gesammelt und den Aufbau umgestellt. So erschienen erstmals drei Bilder, die die Verteilung der Kontinente in drei Zeitaltern zeigten: Im Karbon (nach heutiger Datierung vor rund 300 Millionen Jahren) bildeten die Kontinente den geschlossenen Block Pangäa. Im Eozän (vor fünfzig Millionen Jahren) hat sich der Südatlantik bereits geöffnet. Die letzte Karte, von vor etwa zwei Millionen Jahren, ähnelt der heutigen schon sehr.

Doch mittlerweile stieß auch das Arbeitstier Wegener an seine Grenzen: »Denn es übersteigt die Arbeitskraft des Einzelnen, die lawinenartig wachsende Literatur über die Verschiebungstheorie in den verschiedenen Wissenschaften lückenlos zu verfolgen«, schrieb er im Vorwort. Und geradezu poetisch fügte er hinzu: »Wir stehen ihr [der Erde] wie der Richter gegenüber einem Angeklagten, der jede Auskunft verweigert, und haben die Aufgabe, die Wahrheit auf dem Weg des Indizienbeweises zu ermitteln. Alle Belege, die wir beibringen können, tragen den trügerischen Charakter von Indizien. Wie würden wir den Richter beurteilen, der sein Urteil nur auf Grund eines Teiles der verfügbaren Indizien fällt? Nur durch Zusammenfassung aller Geo-Wissenschaften dürfen wir hoffen, die ›Wahrheit‹ zu ermitteln.«[24]

Das bedeutete natürlich keineswegs, dass er Zweifel an seiner Theorie bekam. Allein, was die Ursache der Kontinentwanderungen anbelangte, sei der neue Newton noch nicht gekommen, aber man brauche wohl nicht zu die Sorge zu haben, dass er ganz ausbleiben werde, denn schließlich sei die Theorie noch jung, schrieb er.

Doch den neuen Newton sollte Wegener nicht mehr erleben. Erneut zog es ihn vom Schreibtisch fort ins ewige Eis. Ein Plan für eine Grönlandexpedition reifte in ihm, die ganz neue wissenschaftliche Erkenntnisse bringen sollte. Zentraler Punkt war die Errichtung einer Station an der Westküste Grönlands sowie einer weiteren auf dem Inlandeis. Dann wollte er erstmals die Eisdicke mit einem Echolot messen. Diese Methode war erst kurz zuvor auf einem Alpengletscher erfolgreich angewendet worden. Darüber hinaus plante er Schweremessungen, Bohrungen und Messungen der Gletscherbewegung. Und selbstverständlich wollte er wieder jede Menge Wetterdaten sammeln.

Obwohl eine Weltwirtschaftskrise herrschte, gelang es ihm, von der Notgemeinschaft der Deutschen Wissenschaft die nötigen Mittel zu erhalten. Am 1. April 1930 legte die ›Disko‹ ab, doch schon Anfang Mai blieb das Schiff im Eis stecken. Sechs Wochen lang war die immer nervöser werdende Mannschaft zur Tatenlosigkeit verdammt. Dann endlich riss das Eis etwas auf. Mit Dynamit sprengten sie den Weg frei und dampften an der Westküste Grönlands entlang zu ihrer Aufstiegsstation. Diese hatten sie im Rahmen einer Vorexpedition ausgemacht: ein Gletscher nahe der Siedlung Uummannaq, 590 Kilometer nördlich des Polarkreises. Dort wurden der Transport auf den Gletscher und der Bau der Basisstation zur Qual. 2500 Kisten mit einem Gesamtgewicht von 120 Tonnen hatte Wegener zusammengestellt. Das Eis wurde in der Sommersonne brüchig, weswegen sie nur nachts arbeiteten. Insbesondere aber bereitete Wegener der Zeitverzug, der seine gesamte Planung umgestoßen hatte, große Sorgen.

Endlich machte sich eine Mannschaft auf den etwa 400 Kilometer langen Weg landeinwärts, um die Station »Eismitte« anzulegen. Gemütlich wurde die nicht. Im Grunde handelte es sich schlicht um eine in das Firneis gegrabene Höhle. Bis zum 30. September gelang es, insgesamt mehr als drei Tonnen an Ausrüstung und Proviant dorthin zu transportieren, so dass der Meteorologe Johannes Georgi und der Studienrat Ernst Sorge dort überwintern konnten:»Schlafkojen aus Firn waren beim Ausschachten gleich stehengelassen worden. Der Zugang zur Firnhöhle wurde durch drei Vorhänge aus Säcken, Gummi und Rentierfellen abgeschlossen«, beschrieb Sorge die abenteuerliche Behausung.[25]

Für die Transporte hatte Wegener erstmals auch geschlossene Schlitten eingesetzt, die mit einem Propeller angetrieben wurden. Unter günstigen Bedingungen liefen diese recht gut, doch bei Steigungen oder Gegenwind erwiesen sich die Motoren als zu schwach. Derweil wurde die Versorgung von »Eismitte« immer drängender. Die Männer fuhren, was das Zeug hielt. Die Achsen verbogen sich, und schließlich fielen die Motoren aus. Die Station war aber auf keinen Fall ausreichend versorgt, vor allem benötigten Georgi und Sorge Petroleum zum Heizen. »Was tun? Jetzt ist die Katastrophe da«,[26] notierte Wegener am 6. September in seinem Tagebuch.

Mutig machte er sich zusammen mit Fritz Loewe von der Flugwetterstelle Berlin, 13 Grönländern und 15 Hundeschlitten am 22. September auf den Weg nach Eismitte. Das Wetter war schlecht, die Tage wurden immer kürzer. Sechs Tage später, bei Kilometer 62, war die Lage so verzweifelt, dass die Grönländer sich weigerten weiterzumarschieren. Wegener aber blieb fest entschlossen, sich durchzukämpfen, und konnte vier Grönländer überreden. Damit schrumpfte aber auch das Gepäck erheblich zusammen. »Das Ganze ist eine schwere Katastrophe, und es nutzt nichts, es sich zu verheimlichen. Es geht jetzt ums Leben«,[27] notierte er.

Doch das Wetter wurde noch schlimmer. Tiefer Neuschnee, Gegenwind und Temperaturen bis minus 50 Grad Celsius machten das Marschieren zur kräftezehrenden Tortur. Am 7. Oktober (Kilometer 151) kehrten drei weitere Grönländer um, so dass nur noch Wegener, Loewe und der verbliebene Grönländer Rasmus Villumsen weiterzogen. Obwohl Wegener mit fast fünfzig Jahren der Älteste von ihnen war, erwies er sich als der Zäheste. Morgens bereitete er das Frühstück, als Loewes Zehen zu erfrieren drohten, massierte er sie.

Nach vierzig Tagen erreichten sie endlich »Eismitte«. Selbst Wegener hatte daran zeitweilig gezweifelt. Nur vierzig Liter Petroleum sowie ein Zelt, Segeltucheimer, Schaufel und eine Laterne hatten sie noch bei sich. Georgi und Loewe hatten sich in ihre Schlafsäcke verkrochen und begrüßten ihre Retter begeistert. Einen Tag später, am 1. November 1930, feierten sie Wegeners fünfzigsten Geburtstag – so gut das eben ging in dem finsteren Eisloch. Noch am selben Tag brachen Wegener und Villumsen wieder auf, denn sie wussten, dass für fünf Mann die Lebensmittelvorräte in »Eismitte« nicht reichten. Sie wollten zurück ins Basislager an der Westküste. Dort kamen sie nie an.

Erst im Mai machte sich eine Mannschaft auf die Suche. In 189 Kilometer Entfernung von der Küste entdeckte sie zwei im Schnee steckende Skier. Sie markierten Wegeners Eisgrab.

Sein Körper zeigte keine Erfrierungen, vermutlich war er an Herzschwäche gestorben, die ihm ein Arzt bereits während des Krieges attestiert hatte. Rasmus Villumsen hatte Wegeners Tagebuch an sich genommen, um es zur Weststation zu bringen. Doch auch er kam dabei ums Leben; sein Leichnam wurde nie gefunden. Alle anderen überlebten die Expedition und führten sie fort – unter der neuen Leitung von Kurt Wegener. Er übernahm auch die Professur seines Bruders an der Universität Graz und gab die Expeditionsergebnisse heraus.

Mit Alfred Wegeners Tod hatte die Kontinentalverschiebungs-Theorie ihren Schöpfer und überzeugtesten Streiter verloren, ein Nachfolger fand sich lange nicht. Es dauerte mehr als ein Vierteljahrhundert, bis neue Forschungsergebnisse sie wieder ins Rampenlicht rückten. Insbesondere die Erkundung des Meeresbodens offenbarte eine Reihe verblüffender Erkenntnisse. So fand man heraus, dass das Grabensystem des Mittelatlantischen Rückens ganz offensichtlich eine Nahtstelle von Kontinentalplatten ist. Hier quillt heißes, zähflüssiges Gestein aus dem Erdinnern hervor und schiebt den Meeresboden auseinander. Der amerikanische Geologe Harry Hess von der Princeton University führte für diesen Prozess 1960 den noch heute üblichen Begriff »Sea-Floor Spreading« ein.

Hess' Hypothese war zunächst heiß umstritten, bis das Forschungsschiff »Glomar Challenger« ab 1968 Bohrkerne aus dem Meeresboden zog. Diese zeigten, dass das Alter der Sedimentschicht mit wachsendem Abstand vom Mittelatlantischen Rücken zunimmt. Genau das erwartet man, wenn sich der Meeresboden an einem solchen Rücken ständig erneuert und von ihm wegwandert.

Faszinierend war auch eine andere neue Forschungsrichtung: der Paläomagnetismus. Kühlt sich eine Gesteinsschmelze ab und erstarrt, so behalten winzige eisenhaltige Minerale wie eine Kompassnadel ihre Nord-Süd-Richtung bei. Sie werden gewissermaßen eingefroren. Als man nun sehr alte Gesteine aus Europa und Nordamerika, die zur selben Zeit erstarrt waren, verglich, stellte man fest, dass ihre Nordrichtungen nicht auf ein und denselben Punkt wiesen. Berücksichtigte man aber die von Wegener vorhergesagte Verschiebung der Kontinente, so passte wieder alles zusammen.

Selbstverständlich ist Wegeners Theorie nicht unverändert erhalten geblieben, das hätte ihr Schöpfer selbst wohl auch nicht erwartet. Doch die moderne Plattentektonik ist ihre direkte Weiterentwicklung. Zum Beispiel ist das globale Plattenpuzzle vielteiliger, als Wegener dachte. Heute kennt man – je nach Definition – sieben oder acht große, sieben mittlere und mehrere Dutzend kleine Platten. Wo große Schollen zusammenstoßen, taucht eine unter die andere ab. In diesen Gebieten befinden sich besonders viele aktive Vulkane, und es treten starke Erdbeben auf. Gleichzeitig entstehen dort Gebirge. Dies ist zum Beispiel unter den Anden und dem Himalaja der Fall. Dort schiebt sich mit fünf Zentimetern pro Jahr die indische unter die eurasische Platte. Erst in den 1980er Jahren gelang es, die Bewegung der Kontinente direkt mit Hilfe von Satelliten zu messen.

Auch der Antrieb für die Plattentektonik ist gefunden. Es ist die innere Wärme der Erde. Sie stammt zum einen noch aus der heißen Entstehungsphase und zum anderen – wie von Wegener vermutet – aus dem natürlichen Zerfall radioaktiver Elemente. Dadurch schmilzt das Gestein im Innern und lässt es wie heißes Wasser im Kochtopf aufsteigen und wieder absinken. Physiker nennen dies Konvektion.

Wegeners Name lebt in dem 1980 gegründeten Alfred-Wegener-Institut für Polar- und Meeresforschung in Bremerhaven fort. Auch ein Asteroid sowie ein Mond- und ein Marskrater wurden nach ihm benannt. Der weitsichtige Wissenschaftler hätte den Erfolg seiner revolutionären Theorie durchaus noch erleben können. Doch er liegt im grönländischen Eis und wird sich mit ihm langsam nach Westen bewegen. In Jahrtausenden wird er an der Küste zum Vorschein kommen und vielleicht in einem Eisberg auf das Meer hinaustreiben.

Otto Lilienthal im Jahr 1885, © *akg-images.*

Der Segelflug ist nicht nur für Vögel da

Otto Lilienthal und die Erfindung des Flugzeugs

Am 9. August 1896 trifft in dem kleinen, siebzig Kilometer nordwestlich von Berlin gelegenen Dorf Stölln Droschkenkutscher Kuhlbars mit einem einzigen Fahrgast ein. Vor dem Gasthaus Herms steigt der kräftig gebaute Mann mit welligem Haar und Vollbart aus, geht in einen Schuppen und erscheint nach kurzer Zeit wieder mit einem sperrigen Gerät, das die Menschen in Stölln schon kennen. Es ist ein Flugapparat, mit dem der Herr Ingenieur Otto Lilienthal aus Berlin fliegen möchte wie ein Vogel. An jedem freien Tag kommt Lilienthal hierher, sehr zur Freude der Anwohner, die sich gerne zu seinen Flugversuchen versammeln und dies als willkommene und vor allem kostenlose Belustigung ansehen.

Am heutigen Sonntagmorgen ist es noch still am nahe gelegenen Gollenberg, an dem ihn der Kutscher samt Flugapparat absetzt. Dort wartet bereits Lilienthals Assistent Paul Beylich, während ein erwarteter Gast aus den USA nicht auftaucht. Es scheint ein idealer Flugtag zu sein. Die Temperatur steigt bis auf gut 20 Grad, und von Osten weht ein leichter Wind herüber. Lilienthal hat an diesem Berg bereits diverse Flugmodelle getestet, darunter erst tags zuvor einen Doppeldecker. Heute will er sich wieder seinem Klassiker, dem Normal-Segelapparat, anvertrauen. Der besteht aus zwei großen Flügeln mit 6,70 Meter Spannweite. Waagrechte und senkrechte Schwanzflossen dienen zur Lagestabilisierung und – so Lilienthals Hoffnung – bald auch zum Steuern.

Beylich und Lilienthal tragen das Gestell den Hügel hinauf und stellen es auf einem Sattel zwischen der höchsten Erhebung und einer Birkengruppe ab. Lilienthal trägt wie immer seine Fliegerkluft: Flanellhemd, knielange, unten gepolsterte Hosen und einen Hut. So steigt er in das Fluggerät, schnallt die Flügel an den Armen fest und wartet auf günstige Bedingungen. Als endlich alles zu stimmen scheint, läuft er ein paar Schritte bergab dem Wind entgegen, richtet dann die Flügel ein wenig auf und – hebt ab. Wie ein Storch schwebt Lilienthal lautlos durch die Luft, scheinbar allen Gesetzen der Schwerkraft zum Trotz. Nach rund zehn Sekunden landet er sicher auf der Erde. Alles ist normal verlaufen, auch das gefährliche Problem einer instabilen Fluglage ist nicht aufgetreten.

Eine halbe Stunde später steht Lilienthal wieder oben und setzt zu einem zweiten Versuch an. Erneut hebt er ab und fliegt ein Stück, doch dann erfasst ihn plötzlich ein Aufwind, und er bleibt unbeweglich in der Luft stehen. Lilienthal kennt diese Situation. Er schlenkert mit den nach unten hängenden Beinen, um den Schwerpunkt zu verlagern und den Flugapparat wieder in Fahrt zu bringen. Doch dann neigt der künstliche Vogel den Kopf unvermittelt nach unten, stürzt aus 15 Metern Höhe dem Erdboden entgegen und schlägt mit voller Wucht auf halber Bergeshöhe auf.

Unverzüglich eilt Beylich zur Unfallstelle. Anfangs ist Lilienthal besinnungslos, doch als er erwacht, fühlt er sich zwar benommen, will aber einen neuen Flugversuch unternehmen. Weder er noch Beylich ahnen die Schwere der Verletzung, allerdings ist der Flugapparat kaputt, so dass allein deswegen an ein Weitermachen nicht zu denken ist. Als Lilienthal bemerkt, dass er zwar seine Arme bewegen kann, der gesamte Unterkörper aber gelähmt ist, läuft Beylich ins Dorf, um den Kutscher zu holen. Gemeinsam bringen sie den gestürzten Ikarus zu Gastwirt Herms und rufen einen Arzt. Als klar wird, dass Lilienthal schwer verletzt ist, schicken sie ein Telegramm an dessen Bruder Gustav.

Erst am nächsten Morgen trifft Gustav ein. Sein Bruder Otto ist noch kurz bei Bewusstsein und soll gesagt haben:

»Opfer müssen gebracht werden.«[1] Ob Legende oder Wahrheit, Otto Lilienthal wird auf einem Leiterwagen zum Bahnhof transportiert und gelangt von dort in einem Güterwagen zum Lehrter Bahnhof nach Berlin, wo sich eine dramatische Szene abspielt. Seine wartende Ehefrau ist erschüttert und bricht bewusstlos zusammen. Mit einem Krankenwagen fährt man Lilienthal so rasch es geht in eine Klinik, doch jede Hilfe kommt zu spät. Abends gegen halb sechs erliegt der Flugpionier seinen Verletzungen. Er hat sich den dritten Halswirbel gebrochen.

Otto Lilienthal wurde nur 48 Jahre alt. Kein anderer vor ihm hat so systematisch die Bedingungen des Fliegens untersucht wie er, mit seinen Schriften und Experimenten läutete er das Luftfahrtzeitalter ein. Der Pionier Wilbur Wright erinnerte sich später, dass er und sein Bruder nach Lilienthals Tod wieder damit begannen, sich »mehr als oberflächlich« mit dem Fliegen zu beschäftigen. »Lilienthal dachte nicht nur, er handelte; und so leistete er den vielleicht größten individuellen Beitrag zur Lösung des Problems, wie der Mensch fliegen kann … Als Flugforscher war keiner seiner Zeitgenossen ihm ebenbürtig«,[2] schrieb Wright.

Lilienthal und andere Pioniere wurden bis zu den ersten erfolgreichen Flügen der Brüder Wright am Beginn des 20. Jahrhunderts als Spinner abgetan. Einige von ihnen unternahmen ihre Versuche in der Nacht, um dem Gespött der Leute zu entgehen. An staatliche Unterstützung für die teure Forschung war überhaupt nicht zu denken.

*

Im deutschen Revolutionsjahr 1848 musste Caroline Lilienthal ihren Ehemann Carl Friedrich Gustav mit allen Mitteln davon abhalten, nach Berlin zu fahren und sich den Aufständischen anzuschließen. Dabei hatte der Tuchhändler allen Grund, in seinem Heimatort Anklam zu bleiben: Seine Frau war schwanger. Am 23. Mai kam sie nieder und brachte einen gesunden Jungen zur Welt: Otto Lilienthal. Schon im nächsten Jahr gesellte sich ein kleines Brüderchen namens Gustav hinzu. Zeit ihres Lebens hielten die beiden zusammen wie Pech und Schwefel. Später schrieb Otto in seiner kleinen Familienchronik, Gustav sei sein zweites Ich.

Die Lilienthals waren in Anklam bekannt. Der Vater zeigte offen seine bürgerliche Gesinnung, gleichzeitig unterstützte die Mutter die Interessen ihrer wissbegierigen Kinder, wo es nur ging, und ließ ihnen mehr Freiheiten als damals üblich, was der eine oder andere Nachbar misstrauisch beäugte.

Allerdings fiel es den Eltern zunehmend schwer, die Kinder zu versorgen. Das Geschäft ging immer schlechter, und 1854 musste der Vater Konkurs anmelden. Es folgten harte Jahre mit den schlimmsten nur denkbaren Folgen: Innerhalb einiger Jahre starben fünf ihrer Kinder. Lediglich Otto und Gustav sowie deren jüngere Schwester Marie blieben der Familie erhalten. Schließlich gab der Vater jede Hoffnung auf, in Deutschland je wieder auf einen grünen Zweig zu kommen, und plante, nach Amerika auszuwandern, doch dazu kam es nicht mehr, denn er starb 1861 an Schwindsucht.

Caroline war eine starke Frau, die ihre ganze Energie in die Erziehung ihrer drei verbliebenen Kinder steckte. Bücher gehörten zum Alltag der Lilienthals, und da hatte es besonders eines den Brüdern angetan: ›Die Reisen des Grafen Zambeccari‹, eines italienischen Luftschiffers, der 1812 ums Leben gekommen war, als sein Ballon beim Aufstieg Feuer fing. Dieser Bericht weckte nach Gustavs Erinnerung das Interesse für das Fliegen. Doch nicht die Ballonfahrt war ihr Ziel, sondern das Fliegen wie ein Vogel. Und hier hatten sie ihre Vorbilder direkt vor Augen: Störche, die in großer Zahl in der Umgebung nisteten.

Tag für Tag wanderten Otto und Gustav hinaus zur Karlsburger Weide und beobachteten die großen Vögel, wie sie sich vom Boden erhoben und mühelos am Himmel schwebten.

Warum nicht selbst fliegen, fragten sich die beiden Brüder – und schritten zur Tat.

Aus dünnem Buchenspan fertigten die 14 und 13 Jahre alten Buben zwei jeweils zwei Meter lange Bretter, schnallten sich diese an die Arme und versuchten damit, von einem Hügel hinablaufend aufzusteigen. Das getrauten sie sich erst bei Dunkelheit, damit sie niemand bei den törichten Versuchen sah. Die Flügelbretter funktionierten natürlich gar nicht, obwohl die Jungs extra gegen den Wind gelaufen waren, wie es nach ihren Beobachtungen auch die Störche taten. Doch sie gaben nicht auf.

Eine weitere Beobachtung hatte ihnen gezeigt, dass die Flügelfedern wie Ventile wirkten. Hoben sich die Schwingen, so ließen die Federn den Wind durch, schlugen sie abwärts, waren sie dicht. Nur so konnte ein Vogel aufsteigen. Also bauten sie sich aus Holzleisten, Tuch und Gänsefedern ein Flügelpaar. Dazu hatten sie sämtliche im Ort verfügbaren Federn aufgekauft. Doch es half alles nichts. Wie angekettet blieben sie am Boden.

In der Schule zeigten sich die beiden Brüder ehrgeizig. Otto schloss 1866 die rein technisch ausgerichtete Potsdamer Gewerbeschule mit dem besten jemals dort abgelegten Abitur ab. Im selben Jahr begann Gustav in Anklam eine zweijährige Maurerlehre.

Für Otto stand fest, was er werden wollte: Techniker. Und dafür boten sich in dem industriell aufstrebenden Berlin jede Menge Möglichkeiten. Als Einstieg wählte er ein einjähriges Praktikum bei dem Maschinenunternehmen Schwarzkopff, das vor allem Güterzuglokomotiven baute. Hier verdiente sich Otto seine Sporen im Konstruktionsbüro. Privat konnte er sich fast nichts leisten, so lebte er als Schlafgänger, das heißt er teilte sich ein Bett mit einem Droschken- und einem Rollkutscher, die die Schlafstelle zu unterschiedlichen Zeiten benötigten. Zur damaligen Zeit gab es in Berlin 50 000 Schlafburschen, rund jede sechste Mietwohnung war mit ihnen belegt.

Diese widrigen Umstände hinderten Otto nicht daran, sich als »umsichtiger, fleißiger und zuverlässiger Arbeiter« zu bewähren, wie es in seinem Abgangszeugnis hieß. Damit war der Weg frei für eine Aufnahme in die Berliner Gewerbeakademie, wo er über drei Jahre hinweg eine erstklassige Ausbildung in Mathematik, Chemie, Mechanik und Maschinenbau erhielt. Trotz des erheblichen Lernaufwands fand Otto noch Zeit, um sich seinem Traum vom Fliegen zu widmen. Da sein Bruder Gustav mittlerweile auch nach Berlin gezogen war und an der Bauakademie studierte, war das Dreamteam wieder vereint.

Sie wohnten – oder besser gesagt hausten – in einer kleinen Dachwohnung und bauten sich einen neuen Flügelschlagapparat zusammen. Nun verwendeten sie leichtes Palisanderholz, ersetzten die Federn durch Tüll und kombinierten sogar drei Flügelpaare, die sich zudem über einen Pedalantrieb durch kräftiges Strecken und Anziehen der Beine auf und ab bewegen ließen. Dieses Gerät hängten sie an einer Seilwinde auf, die aus dem Giebel eines Wirtschaftsgebäudes herausragte, und glichen das Gewicht des Flugapparates mit einem Gegengewicht aus. Damit stellten sie sicher, dass sie mit kräftigem Flügelschlag etwa das halbe Eigengewicht hochheben konnten. Zum Fliegen reichte das natürlich nicht.

Als Ottos Kommilitonen von den Versuchen Wind bekamen, machten sie sich natürlich über ihn lustig. Auch der namhafte Ingenieur und Dozent an der Gewerbeakademie, Franz Reuleaux, mahnte streng dazu, bloß kein Geld darin zu investieren – was die beiden Brüder indes nicht weiter interessierte.

Im Juli 1870, nur eine Woche vor Ottos Abschluss, unterbrach ein bedeutendes Ereignis der Weltgeschichte den Schaffensdrang der beiden Brüder: Frankreich erklärte Preußen den Krieg, dem Otto sich nicht entziehen konnte, während Gustav wegen eines Ohrenleidens zurückgestellt wurde. Die preußischen Truppen eroberten rasch Elsass und Lothringen und versammelten sich schließlich zur Belagerung von Paris. Otto war bis dahin ohne Gefechte durchgekommen und beschwerte sich in Briefen über Langeweile – der Glückliche. Eine interessante Abwechslung boten indes Ballone, mit denen Nachrichten und vereinzelt auch Personen aus der belagerten Hauptstadt herauskamen. Historiker schätzen, dass während der viermonatigen Belagerung insgesamt 66 Ballone, drei Millionen Briefe und 168 Menschen der Stadt entkamen. Doch Otto wurde hierbei klar, dass Ballone nicht die Zukunft der Luftfahrt sein würden, flogen sie doch nur dorthin, wohin der Wind sie wehte.

Elf Monate nach seiner Einberufung kehrte Otto nach Berlin zurück. Dank seiner exzellenten Ausbildung fand er rasch eine Stelle als Ingenieur in einer Maschinenfabrik von Emil Rathenau, der 17 Jahre später die Allgemeine Elektricitäts-Gesellschaft, kurz AEG, gründete. Auch Gustav bekam Arbeit als Bauleiter, so dass es den beiden nun endlich gut ging. Unweit der Friedrichstraße mieteten sie sich eine Wohnung, in der wenig später auch die Schwester Marie und ihre Großmutter einzogen, nachdem die Mutter in Anklam an einer Lungenentzündung gestorben war.

Den Dachboden des Hauses bauten die beiden Brüder zu einer Werkstatt um, in der sie dem Geheimnis des Vogelfluges auf den Grund gehen wollten: »Jetzt werden wir es machen«,[3] hatte Otto seinem Bruder gleich nach der Rückkehr aus Frankreich zugerufen. Sie begannen damit, Modelle zu bauen, wobei sie noch offene physikalische Fragen klären wollten: Wo muss sich der Schwerpunkt befinden? Welche Form und relativen Maße müssen die Flügel haben? Und vor allem, wie bekam man nicht nur den Auftrieb, sondern auch einen Vortrieb hin?

Rasch wurde ihnen bewusst, dass menschliche Muskelkraft nicht ausreichen würde, um wie ein Vogel fliegen zu können. Eine Maschine musste her. Wochen und Monate verbrachte Otto damit, eine kompakte Dampfmaschine zu bauen. Das Resultat war ein Meisterwerk der Feinmechanik. Als Brennstoff wählte er Alkohol, der über eine kleine Pumpe in den Brenner gelangte und einen Motor mit einer Leistung von einem Viertel PS antrieb. Flügelmodell und Motor wogen vier Kilogramm – nicht mehr als ein Storch.

Doch das Experiment misslang. Das Gerät hob nicht ab, eher zerbrachen die Flügel. Doch ein Positives hatte diese Entwicklung trotzdem. Otto ließ sich den Motor patentieren und gründete zu Beginn der 1880er Jahre eine Fabrik für »gefahrlose Dampfkessel aus Schlangenrohr-Elementen«, wobei sich Letzteres auf schlangenartig verlegte Rohre bezog.

Trotz ihres Fehlschlags setzten Otto und Gustav ihre Fluguntersuchungen fort. Dafür bauten sie eine Art Karussell mit bis zu sieben Metern Durchmesser, an dem sie ihre Flugmodelle aufhängten und im Kreis herumfliegen ließen. Ab 1873 konnten sie diese Rotationsmaschine auch in der wesentlich geräumigeren Turnhalle einer Berliner Schule aufstellen. Mit einer geschickten Konstruktion aus Gegengewichten und Federwaagen untersuchten sie Windwiderstand und Auftrieb der Flügel. Während die Brüder die Versuche ausführten, notierte ihre Schwester Marie die Messwerte. Hierbei stießen sie rasch auf eine fehlerhafte Lehrbuchmeinung, wonach eine ebene Fläche den geringsten Widerstand besitzt. Die Flügel mussten leicht nach oben gebogen sein.

Die Experimente mit der Rotationsmaschine brachten viele neue Erkenntnisse. Otto war aber auch klar, dass sie nur bedingt aussagekräftig waren. So erzeugte ein Flügel um sich herum Luftwirbel, die er bei jedem Umlauf durchquerte. Otto wollte seine Tragflächen aber auch unter realistischeren Bedingungen im freien Wind untersuchen und unternahm deshalb ähnliche Versuche in einer weiten baumlosen Ebene zwischen Charlottenburg und Spandau. Die Ergebnisse stimmten ihn hoffnungsvoll, dass »der Segelflug nicht bloß für Vögel da ist, sondern auch der Mensch auf künstliche Weise diese Art des Fluges … hervorrufen kann«.[4] Aber »es muss irgendwo noch ein Geheimnis verborgen sein, was das Fliegerätsel mit einem Schlage löst«.[5]

Ein wesentliches Ergebnis dieser Versuche war ein bis dahin unbekannter Zusammenhang zwischen Auftrieb und Luftwiderstand, den der russische Luftfahrtpionier Nikolai Schukowski später als Lilienthal-Polare bezeichnete. Sie ermöglicht es noch heute, die Tragflügelprofile von Segelflugzeugen zu analysieren. Otto verglich die Wölbung von Tragflächen einmal sehr anschaulich mit Bettlaken auf der Leine, die der Wind bläht.

Damit hatten die Gebrüder Lilienthal die bis dahin umfangreichsten Untersuchungen von Tragflächen angestellt und ungewollt die Wissenschaft der Aerodynamik begründet. Was sie nicht wussten, war, dass die damalige physikalische Autorität schlechthin, Hermann von Helmholtz von der Berliner Universität, aufgrund von theoretischen Überlegungen 1873 zu dem Ergebnis gelangt war, dass ein Mensch mit einem flügelähnlichen Mechanismus, den er durch seine Muskelkraft bewegt, nicht vom Boden abheben kann. Genau genommen behielt von Helmholtz damit recht. Allerdings bedeutete dies nicht den Todesstoß für andere Formen des Fliegens und Segelns, wie wir heute wissen.

Die ausgedehnte Versuchsserie, bei der die Brüder am Schluss auch Drachen testeten, ging bis Ende 1874, danach setzte eine lange Pause ein. Erst 1888 nahmen sie ihre Studien wieder auf. Grund für die lange Unterbrechung der Experimentierphase waren gravierende Veränderungen im Leben der Lilienthals. Otto hatte mittlerweile den Arbeitgeber gewechselt und war nun bei der Firma des Maschineningenieurs Carl Hoppe angestellt. Der schickte Otto in das südwestlich von Dresden gelegene Döhlener Becken, wo Kohle unter Tage abgebaut wurde. Dort sollte er eine neue Maschine zum Abfräsen des Erzes testen. Fünf Monate lang schuftete er in 350 Meter Tiefe, doch die Schrämmaschine erwies sich als zu schwerfällig. Das Prinzip aber funktionierte. Und so setzte sich Otto hin und konstruierte auf eigene Rechnung eine Schrämmaschine, mit der sich tiefe Schlitze in das Gestein bohren ließen, um es leichter herausbrechen zu können. Während die erste Version noch mit einer Handkurbel betrieben wurde, arbeitete eine fortgeschrittene Version mit Druckluft.

Mit dieser Maschine wollte er sich selbstständig machen. Um seinen Arbeitgeber Hoppe nicht zu verprellen, schob er seinen Bruder Gustav vor. Der erhielt Anfang 1877 das Patent, so dass die beiden nun ein eigenes Geschäft aufbauen konnten. Doch die Maschine verkaufte sich nicht. Viel besser lief es auch nicht in dem unweit von Krakau gelegenen Salzbergwerk von Wielicka, wo Otto erneut fünf Monate unter Tage schuftete, um die Schrämmaschine zu verbessern. Insgesamt verkauften die Brüder nur wenige Geräte dieses Typs. Der Traum vom selbstständigen Fabrikanten war geplatzt.

Stattdessen ging für Otto aber ein anderer Traum in Erfüllung: Bei der Arbeit im Döhlener Becken hatte er Agnes, die 19-jährige Tochter des Obersteigers Fischer, kennen- und lieben gelernt. Offenbar gefiel ihr der kräftige Herr mit den wilden Locken und den etwas unkonventionellen Ideen, so dass einer Heirat bald nichts mehr im Wege stand. Sie fand im Juni 1878 in Berlin statt.

Nachdem Gustav gemeinsam mit seiner Schwester einige Jahre lang – letztlich aber erfolglos – eine »Kunst-Werkstatt für weibliche Handarbeit« betrieben hatte, kamen die beiden Brüder 1879 auf eine andere Idee. Sie entwickelten einen Steinbaukasten. Baukästen mit Holzklötzen gab es bereits, doch die Steine sollten eine getreuere Nachbildung von Gebäuden ermöglichen. Monatelang suchten die beiden Brüder nach einer idealen Materialmischung und realistischen Färbungen für ihre Bausteine, wobei sich die Küche – sehr zu Agnes' Leidwesen – in eine staubige Werkstatt verwandelte. Endlich war der Baukasten fertig: achtzig Steine unterschiedlicher Form sowie von Gustav gezeichnete Bastelvorlagen für zehn Mark.

Die Idee war zwar gut, aber es gelang den Brüdern nicht, sie zu vermarkten. Schließlich traten sie alle Rechte für einen Spottpreis an den Unternehmer Friedrich Adolf Richter ab. Der kam damit ganz groß raus und wurde im wahrsten Sinne des Wortes steinreich. Jahre später versuchten die Brüder Richters Patent zu umgehen, indem sie die Mixtur der Steinmasse veränderten, doch das endete in einem juristischen und finanziellen Debakel. Im Jahre 1888 versuchte es Otto noch einmal mit einem Modellbaukasten, der große Holzleisten zum Bau von lebensgroßen Spielzeugen enthielt. Aber auch daraus wurde nichts.

Gustav sah für sich in Deutschland keine Perspektiven mehr und wanderte 1880 zusammen mit Schwester Marie nach Australien aus, wo er rasch eine gut bezahlte Stelle als Ingenieur erhielt. Marie heiratete später einen Farmer und ging nach Neuseeland, wo sie ihr gesamtes weiteres Leben verbrachte. Gustav hingegen kehrte 1885 nach Deutschland zurück, heiratete und baute sich eine Existenz als Architekt auf. Gleichzeitig interessierte er sich für aktuelle soziale Fragen und Strömungen. Er schloss sich einer Freiland-Bewegung an, die sich für bessere soziale Verhältnisse gering verdienender Familien einsetzte. Im Dunstkreis dieser Bewegung entstand in Oranienburg die Siedlung Eden, die erste vegetarische Siedlung in Deutschland, für die Gustav Fertighäuser lieferte. Die Siedlung existiert noch heute unter dem Namen »Eden Gemeinnützige Obstbau-Siedlung, eingetragene Genossenschaft«. 1895 gründete Gustav im heutigen Berliner Bezirk Reinickendorf die Arbeitersiedlungsgenossenschaft »Freie Scholle« und baute für sie eine Reihe kleiner Häuser. Auch dieses Projekt sozialen Engagements existiert noch heute, große Teile der erhaltenen Bauten stehen unter Denkmalschutz. Doch damit sind wir der Zeit weit vorausgeeilt, kehren wir zu Ottos Aktivitäten zurück.

Nachdem sich also diverse Geschäftsideen zerschlagen hatten, sicherte sich Otto letztlich seine Existenz mit dem guten alten Schlangenrohr-Dampfkessel. Ursprünglich für den Motorflug gebaut entwickelte er ihn zu einer zuverlässigen Kraftmaschine für Handwerker weiter, die bald reißenden Absatz fand. Otto verkaufte sogar Lizenzen. Dabei wuchs die Zahl seiner Arbeiter und Angestellten immer weiter an, was ihn dazu bewegte, sich mit sozialreformerischen Gedanken auseinanderzusetzen. Im Frühjahr 1890 führte er schließlich als einer der ersten Unternehmer in Deutschland für seine sechzig Arbeiter eine Gewinnbeteiligung von 25 Prozent ein. Ein revolutionärer Entschluss.

Doch wer meint, der aufstrebende Unternehmer Otto Lilienthal würde sich auf dem Erreichten ausruhen, der irrt. Durch einen Freund namens Max Samst, der Direktor des Ostend-Theaters war, kam Otto zur Bühnenkunst. Erst wurde er Teilhaber, dann verguckte er sich in eine hübsche Schauspielerin mit eher schlichter Begabung. Sozial engagiert, wie Otto nun einmal war, wollte er auch dem einfachen Volk den Weg ins Theater öffnen und führte ab Ende 1892 Klassiker auf. Der Eintritt kostete einen Groschen, nur für die besseren Plätze zahlte man zwanzig und dreißig Pfennige. Schließlich betrat Otto selbst die Bretter, die die Welt bedeuten, allerdings mit mäßigem Erfolg. Das hinderte ihn jedoch nicht – inspiriert von Gerhard Hauptmanns ›Die Weber‹ –, selbst ein Stück zu verfassen. Es trug den Titel ›Moderne Raubritter‹. Erfolg war ihm nicht beschieden.

Otto Lilienthals Leben war reich an unterschiedlichen Aktivitäten, doch eine zog sich wie ein roter Faden durch sein ganzes Leben: die Begeisterung fürs Fliegen. Nach einer fast 14 Jahre dauernden Unterbrechung nahm er im Sommer 1888 zusammen mit Gustav im Garten seines Hauses die Flugversuche wieder auf. Neben einem Rotationsstand, mit dem sich die Eigenschaften unterschiedlicher Flügelprofile messen ließen, hielt sich Otto anfangs auch drei zahme Jungstörche, deren erste Flugversuche er eingehend studierte. Doch als im Sommer alle anderen Störche gen Süden zogen, hielt es auch die Jungstörche nicht mehr in Ottos Garten, und sie schlossen sich ihren Artgenossen an.

Mit dem Rotationsstand maßen Otto und Gustav die Eigenschaften von Tragflächen mit unterschiedlichen Profilen. Erneut untersuchten sie den Widerstand in Bewegungsrichtung und den Auftrieb. Dabei wiederholten sie auch Experimente aus den 1870er Jahren. Kontrollversuche auf freiem Feld zwischen Teltow, Zehlendorf und Lichterfelde gehörten ebenfalls zum Forschungsprogramm.

Die Ergebnisse der unzähligen Versuche fasste Otto in seinem legendären Buch ›Der Vogelflug als Grundlage der Fliegekunst‹ zusammen. Doch die Welt war noch nicht reif für das Fliegen. Männer, die sich diesem Traum verschrieben hatten, waren sehr selten und galten bei ihren Mitbürgern schlicht als Verrückte. Deswegen fand sich auch kein Verlag, der das Buch herausgeben wollte, so dass Otto es auf eigene Kosten drucken ließ. Der Erfolg war dementsprechend: Bis 1896 waren erst 300 Exemplare davon in Deutschland verkauft.

›Der Vogelflug‹ enthält eine Fülle von experimentellen und theoretischen Ergebnissen. Otto fragte sich, welche Kräfte in welcher Richtung an einem von Luft angeströmten Flügel angreifen. Optimale Bedingungen für das Fliegen liegen genau dann vor, wenn der Widerstand in Vorwärtsrichtung möglichst gering und der Widerstand nach unten möglichst groß ist. Dann kann sich ein Vogel – oder ein Mensch – mit geringstem Kraftaufwand nach vorne und nach oben bewegen.

Für seine theoretischen Analysen beschränkte sich Otto auf die Newton'sche Mechanik. Was damals noch völlig fehlte, war eine Strömungsforschung, die eine ganz bestimmte Eigenart umströmter Flächen miteinbezog, nämlich den aerodynamischen Auftrieb. Im Grunde lag die hierfür nötige Physik damals schon seit rund hundert Jahren vor, denn der schweizerische Mathematiker Jakob Bernoulli hatte längst herausgefunden, dass der Druck eines strömenden Gases abnimmt, wenn das Gas sich schneller bewegt. Heutige Tragflächen sind nach diesem Prinzip konstruiert: Ihr Profil bewirkt, dass die anströmende Luft oberhalb des Flügels schneller strömt als unterhalb. Dadurch verringert sich über der Tragfläche der Luftdruck, und es entsteht ein Sog nach oben. Diese Kraft wächst mit der Geschwindigkeit. Überschreitet sie das Gewicht des Flugzeugs, so hebt es ab.

Dieses Bernoulli-Gesetz kannte Otto Lilienthal nicht. Er erklärte sich den Auftrieb nach oben gewölbter Flügel auf andere Weise. Die unterhalb des Flügels vorbeiströmende Luft schmiegt sich an den Flügel an, beschreibt dadurch in der Wölbung einen Bogen und erzeugt eine Zentrifugalkraft, die von unten gegen den Flügel drückt und ihn anhebt. Die oben vorbeiströmende Luft entfernt sich dagegen von der Fläche und ruft eine nach oben gerichtete Sogwirkung hervor.

Mit dieser falschen Theorie war es Otto Lilienthal nicht möglich, das Geheimnis des Fliegens wirklich zu lösen. Erst Forscher wie Martin Wilhelm Kutta in München und Ludwig Prandtl in Göttingen untersuchten nach 1900 die Strömungsphänomene mit systematischen Experimenten und erstellten eine neue Theorie. Damit legten sie den Grundstein für die Konstruktion moderner Flugzeugtragflächen.

Und es gab einen weiteren Punkt, den Lilienthal für seine Flüge von Hügeln herab nicht in Betracht zog: thermische Aufwinde. Er hatte sich vollkommen auf das Fliegen gegen den Wind versteift, so wie er es von startenden Vögeln gelernt hatte. Für den späteren Segelflug hingegen ist die aufsteigende Thermik das entscheidende Moment: Das Sonnenlicht erwärmt den Boden, so dass darüber wie über einer Herdplatte warme Luft aufsteigt und ein Flugzeug oder einen Vogel aufwärts treibt. In Frankreich hatte bereits in den 1870er Jahren ein gewisser Alphonse Pénaud in einer Luftfahrtzeitschrift auf dieses Phänomen aufmerksam gemacht, doch blieb diese Arbeit weitgehend unbemerkt. Es dauerte noch bis 1922, als von der Wasserkuppe in der Rhön die ersten erfolgreichen Hangsegelflüge erfolgten.

Genaue Beobachtungen von fliegenden Möwen und Störchen hatten Otto zu der Überzeugung geführt, dass diese ihren Auftrieb durch den nahe am Körper befindlichen Teil des Flügels erfahren, der auch den größten Teil der gesamten Flügelfläche ausmacht. Den Vortrieb aber erhalten sie, indem sie bei jedem Niederschlag den äußeren Teil der Flügel in der Längsachse verdrehen und damit gewissermaßen nach vorne rudern. Auf diese Weise werde der Kraftaufwand nach Ottos Ansicht minimiert. Er hoffte deshalb, dass auch der Mensch fliegen könne, wenn der Flügel geringfügig geneigt sei. Heute sprechen Fachleute vom Anstellwinkel der Tragfläche.

Außerdem hatten seine zahllosen Versuche an der Rotiermaschine und auf freiem Feld ergeben, dass die günstigsten Verhältnisse eintreten, wenn die Tiefe der Flügelwölbung einem Zwölftel der Flügelbreite entsprach. Mit einer Flügelfläche von höchstens zwanzig Quadratmetern und einem maximalen Gewicht von zehn Kilogramm »wäre es wohl denkbar, dass damit in ruhiger Luft horizontal bei großer Geschwindigkeit geflogen werden könnte«.[6] Auf jeden Fall sollte aber ein »längerer, schwach abwärts geneigter Flug« möglich sein, folgerte er in seinem Buch, das trotz falscher physikalischer Voraussetzungen bahnbrechende Erkenntnisse lieferte und späteren Flugpionieren wie den Brüdern Wright wichtige Messwerte an die Hand gab. Grund dafür war vor allem sein unermüdlicher Experimentierwille.

Von Oktober 1888 bis April 1889 hielt Otto vor dem »Verein zur Förderung der Luftschifffahrt«, dem die beiden Brüder 1886 beigetreten waren, eine Reihe von Vorträgen. Danach war die Zeit reif für richtige Flüge.

Die ersten Versuche mit einem Flügelpaar, das elf Meter Spannweite aufwies, erfolgten im Sommer 1889 in Lichterfelde. Zunächst noch im Stehen, später traute sich Otto kleine Hüpfer von einer bis zu zwei Meter hohen Rampe in seinem Garten. Im Sommer 1891 fand er in dem zwanzig Kilometer westlich von Potsdam gelegenen Derwitz, wo sich einige Hügel erhoben, sein erstes Fluggelände. Die Flugapparate konnte er bei einem Bauern unterstellen. Mit von der Partie war ein Techniker seiner Firma namens Hugo Eulitz. Fast jeden Sonntag und teils auch unter der Woche fuhren die beiden dorthinaus und testeten die Fluggeräte, wobei auch Eulitz flog. Beide erlangten bald die Fertigkeit, »bei mäßigem Winde an den sanften Bergabhängen in der Luft hinabzugleiten und am Fuße des Berges ohne Unfall zu landen«,[7] schrieb Otto Ende 1891 in seinen Jahresbericht. Sein Bruder Gustav unterstützte ihn hingegen immer weniger. Er verfolgte zunehmend andere Interessen und hatte auch wegen des Risikos Bedenken.

Ganz ohne Unfälle ging es nämlich nicht ab, vor allem bei plötzlichem Windwechsel: »Es ist mir auch vorgekommen, dass ich nach dem Absprunge vom Winde abgehoben und durch eine plötzliche Steigerung des Windes nach dem Abhange zurückgeworfen wurde, den ich schon um einige Meter überschritten hatte.«[8] Immer wieder verstauchte sich Otto Füße und Arme. Das gehörte eben dazu.

Die Eskapaden dieses seltsamen, fliegenden Menschen sprachen sich bald herum. Immer mehr Schaulustige, Reporter und Fotografen fanden sich ein. Einem von ihnen, dem Meteorologen Carl Kassner, verdanken wir einige schöne Fotos von Lilienthals Auftritten in seiner typischen Fliegerkluft.

Bei diesen ersten Gleitflügen aus fünf bis sechs Metern Höhe erreichte Otto Weiten bis zu 25 Meter. Eigentlich nur kleine Hopser, aber selbst die waren niemandem vor ihm gelungen. Noch günstigere Flugbedingungen fand Otto in einem langgestreckten Hügel namens Rauher Berg zwischen Steglitz und Mariendorf. Hier unternahm er 1892 und 1893 zahllose Flugversuche, bald unter reger Anteilnahme der Bevölkerung: »Doch wurde ich zuweilen bei längeren Flügen von Zunahmen der Windgeschwindigkeiten überrascht, die mich fast senkrecht anhoben oder mehrere Sekunden zum großen Jubel der Zuschauer an einer bestimmten Stelle in der Luft festhielten.«[9]

Bei Sprüngen vom Rauhen Berg schaffte er aus einer Höhe von etwa zehn Metern Weiten bis zu achtzig Meter. Hierbei hatte er auch den größten von ihm gebauten Flugapparat mit elf Metern Spannweite und einer Fläche von 16 Quadratmetern verwendet, dessen Flügelenden hochgezogen und zurückgebogen waren. Er musste jedoch feststellen, dass die Geräte mit zunehmender Spannweite immer windanfälliger wurden und schwieriger zu beherrschen waren. Deswegen kehrte er zu kleineren Fluggeräten mit maximal sieben Metern Spannweite zurück. Insgesamt experimentierte Otto mit 18 Flugapparaten unterschiedlicher Bauart, darunter auch drei Doppeldeckervarianten und zwei Schlagflügelapparaten, von denen er jedoch rasch wieder abkam.

Auf der am Westrand der Rauhen Berge gelegenen Maihöhe errichtete Otto später einen turmartigen Holzschuppen. Im Innern brachte er seine Flugapparate unter, während er vom Flachdach aus in westlicher Richtung abspringen konnte. Otto hatte sich wohl mit seinem Image als Spinner abgefunden, denn seine Flugversuche galten immer noch als so verrückt, dass nicht jeder Zuschauer gern dabei erkannt werden wollte. So berichtete ein Leutnant des Militärs später, er habe sich ein schlichtes Gewand des Bürgers angezogen, um möglichst wenig aufzufallen.

Ottos Gleitflüge, die ihn bis zu fünfzig Meter weit trugen, wurden nun häufiger fotografisch festgehalten und in Zeitschriften abgedruckt, die auch im Ausland für Aufsehen sorgten. Zwar waren die Flüge in den unberechenbaren Winden nach wie vor nicht ungefährlich, dennoch war Otto davon überzeugt, dass sich das Fliegen bald als Sportart für jedermann etablieren werde. Deswegen ließ er sich einen seiner Flugapparate 1893 patentieren und bot ihn zum Verkauf an.

Die Hoffnung, seine hohen Entwicklungskosten dadurch wieder hereinzubekommen, erfüllte sich jedoch nicht. Er verkaufte lediglich ein paar Exemplare für 300 bis 500 Mark das

Stück in Europa und den USA. Einige Käufer experimentierten mit den Geräten und entwickelten sie sogar weiter, andere vermachten sie Museen, wo sie noch heute zu sehen sind.

Gleichzeitig suchte sich Otto einen anderen, höheren Hügel als Übungsplatz. Fündig wurde er in den Rhinower Bergen bei Stölln, wo er später tödlich verunglückte. In einem seiner Jahresberichte schrieb er zu diesem Berg: »Als ich in diesem Jahre zum ersten Mal an diesen Berghängen mein Flugzeug entfaltete, überkam mich freilich ein etwas ängstliches Gefühl, als ich mir sagte: ›Von hier oben sollst du nun in das tief da unten liegende, weit ausgedehnte Land hinaussegeln‹.«[10] An dieser Stelle verwendete Lilienthal erstmals das Wort Flugzeug. Gleichzeitig machen diese Worte aber auch deutlich, dass der Pionier seine Flugzeuge nach wie vor nicht hundertprozentig im Griff hatte und mit Stabilisierungsproblemen kämpfte. Bei zwei Abstürzen im Jahre 1894 schützte ihn lediglich ein Prellbügel vor schwereren Verletzungen.

Um sich den langen Anfahrtsweg zu sparen, kaufte Otto zudem einen nicht weit von seinem Haus gelegenen Abraumhügel einer Lehmgrube. Diesen »Töpferberg« ließ er so zu einem 15 Meter hohen Kegel umgestalten, dass er sich als Startplatz eignete. Allein diese Aktion kostete ihn 9000 Mark. Hier besuchten ihn nun zunehmend Flugbegeisterte aus aller Welt, darunter der Moskauer Professor Nikolai Schukowski, der Sekretär der berühmten Smithsonian Institution in Washington, Samuel Pierpont Langley, sowie der britische Unternehmer und Erfinder Hiram S. Maxim und dessen späterer Assistent Percy Sinclair Pilcher, der Ende 1899 bei einem eigenen Flugversuch tödlich verunglückte. Alle spielten wichtige Rollen in der weiteren Entwicklung des Flugzeugs. Ein begeisterter Besucher war jedoch für ganz andere Dinge berühmt: der Maler Arnold Böcklin. Der hatte sich mit dem Vogelflug beschäftigt und erfolglos mit Flugapparaten experimentiert. Am Fliegeberg führte ihm Lilienthal einige Gleitflüge vor. Der damals schon 67-jährige Böcklin traute sich diese abenteuerliche Fortbewegungsart nicht zu, doch sein Sohn Carlo versuchte es mutig, kam aber über wenige Meter weite Hüpfer nicht hinaus.

Unverdrossen setzte Otto seine Versuche fort. Im Mittelpunkt standen vor allem die Probleme der Steuerung und der Stabilität. 1895 konstruierte er Flügel, deren Spitzen sich mit Spanndrähten verdrehen ließen, und auch den Schweif konnte er nach links und rechts drehen – Prinzipien, die er den Vögeln abgeschaut hatte. Skizzen belegen, dass Lilienthal das Steuerproblem offenbar mit einem Höhenruder lösen wollte, allerdings kam er nicht mehr dazu, diese wegweisende Konstruktion zu testen.

Zur selben Zeit kam ihm der Gedanke, dass ein Doppeldecker eventuell bessere Flugeigenschaften aufweist als seine einfachen Flügel. Es hatte sich ja gezeigt, dass die Flugapparate mit zunehmender Spannweite immer schwerer zu beherrschen waren. Ein Doppeldecker besaß bei gleicher Tragfläche wie ein Einflügler eine viel geringere Spannweite. Insgesamt baute Lilienthal drei verschiedene Doppeldeckertypen. Laut eines Zeitzeugen verbesserte sich die Stabilität jedoch nicht entscheidend.

Schließlich kehrte Lilienthal doch noch zu seiner alten Idee eines Schlagflügelapparates zurück. Da der Mensch nicht kräftig genug ist, um sich damit von der Erde zu erheben, baute er einen neuen, mit komprimierter Kohlensäure arbeitenden Motor. Der funktionierte allerdings nicht zuverlässig. Erst der verbesserte Motor eines schweizerischen Ingenieurs lief für einige Minuten störungsfrei. Fliegen konnte man damit jedoch auch nicht.

Obwohl der Weg eines Schlagflügelapparates in eine Sackgasse führte, war er doch lohnenswert, weil Lilienthal dabei erstmals einen Motor einführte. Den Einsatz von Propellern, den bereits einige Flugpioniere in England und den USA ausprobiert hatten, sah er hingegen als Irrweg: Vögel benötigen schließlich auch keine Propeller.

Mit viel Schwung und neuen Ideen startete Otto Lilienthal in das Jahr 1896. Sein Maschinenbaugeschäft lief nach einigen Schwierigkeiten wieder an, auf der Berliner Gewerbeausstellung hielt er einen viel beachteten Vortrag über seine Flugapparate, und am 13. Mai hatte sogar sein Theaterstück im Ostend-Theater Premiere. Mit 48 Jahren war er zwar nicht mehr der Jüngste, aber sein Tatendrang war ungebrochen – bis zu jenem 9. August, an dem eine Windböe sein Leben beendete. Mit seinem Tod riss in Deutschland bis auf Weiteres auch die Flugzeugforschung ab.

Die Beerdigung fand unter großer Anteilnahme nicht weit von seinem Fliegeberg statt. Seit 1952 sind sein Grab und das seiner Frau Agnes Ehrengräber der Stadt Berlin, auf dem Fliegeberg errichtete eine private Initiative eine Gedenkstätte, die noch heute an den Ikarus der Neuzeit erinnert.

Seine Witwe Agnes hatte mit ihren vier Kindern ein schweres Los. Selbst der Verkauf der Dampfmaschinen-Firma und des gemeinsamen Hauses sowie eine kleine Staatsrente schützten sie nicht vor dem sozialen Abstieg. Da half letztlich auch kein Scheck über tausend Dollar, den ihr die Brüder Wright als Zeichen ihrer großen Wertschätzung 1911 schickten. Sie starb 1920 in einer kleinen Mansardenwohnung.

Selbstverständlich hatten schon vor Otto Lilienthal Menschen versucht zu fliegen. Der Traum ist wohl fast so alt wie die Menschheit, wie die Sage von Ikarus und Dädalus beweist. In der Renaissance beschäftigte sich Leonardo da Vinci mit unterschiedlichen Fluggeräten, doch die praktische Erprobung blieb anderen vorbehalten, wobei die Geschichte reich ist an Unglücken und Todesfällen.

Berühmt wurde Albrecht Ludwig Berblinger, besser bekannt als Schneider von Ulm. Mit einem Flügelschlagapparat schwang er sich am 31. Mai 1811 von der Adlerbastei herab, um die Donau zu überfliegen. Doch anstatt frei wie eine Vogel durch die Lüfte zu segeln, stürzte er wie eine Stein in den Fluss. Er überlebte und schwor der Fliegerei endgültig gab.

Schlechter erging es dem Belgier Vincent de Groof. Der stieg im Sommer 1874 mit einem Ballon bis in einige zehn Meter Höhe auf und sprang dann mutig aus dem Korb. Doch die Schwingen klappten nach oben, so dass er nahezu ungebremst nach unten fiel und beim Aufprall starb.

Es gab jedoch im frühen 19. Jahrhundert in England einen Flugpionier, der sich intensiv mit der Gleitflugtechnik auseinandersetzte: Sir George Cayley. Er baute ab 1804 Gleitflugmodelle unterschiedlicher Größe. Vermutlich hat er 1809 auch erste zögerliche Gleitversuche mit Menschen getestet, allerdings ist darüber wenig bekannt. Angeregt von Cayleys Arbeiten beschäftigte sich sein Landsmann William Samuel Henson mit der Konstruktion eines Motorflugzeugs, das er 1847 patentieren ließ. Die Tragflächen waren wie die von Lilienthals Apparaten gewölbt, jedoch oben und unten mit Stoff bespannt. Damit kam Henson dem Profil heutiger Tragflächen schon recht nahe. Das Projekt scheiterte allerdings an diversen technischen Problemen, und Henson wurde zur Zielscheibe für Karikaturisten.

Auch die Brüder du Temple de la Croix in Frankreich unternahmen den Versuch, ein Propellerflugzeug zu bauen. Sie ließen es 1857 patentieren, aber wegen unzureichender Finanzierung wurde es nie gebaut. Es waren im Endeffekt solch hohe Entwicklungskosten, die schließlich zur Gründung von aeronautischen Gesellschaften führten.

Bis zum Ende des 19. Jahrhunderts folgte eine Reihe von Fehlversuchen in Frankreich, Großbritannien, Russland und den USA. Doch die bis dahin erlangten Erkenntnisse trugen schon bald Früchte, diese ernteten Wilbur und Orville Wright. Sie betrieben in Dayton einen Fahrradladen und beschäftigten sich in ihrer Freizeit mit dem Fliegen. Anfangs war es nur ein oberflächliches Interesse, das in dem Moment zu einer fixen Idee wurde, als sie in einer Zeitung von Otto Lilienthals Tod erfuhren. Sie studierten Lilienthals Buch, das mittlerweile ins Englische übersetzt war, nutzten die darin enthaltenen Messwerte, fanden aber auch Fehler. Im Jahr 1899 unternahmen sie erste zaghafte Versuche mit einem Doppeldecker.

In den folgenden vier Jahren konstruierten sie immer bessere Flugzeuge, mit denen sie sichere Gleitflüge über eine Distanz von mehr als 600 Metern ausführten. Im März 1903 ließen sie ihren Gleiter patentieren und wagten dann den Schritt zum Motorflugzeug. Entscheidend war nun der Bau eines leichten und dennoch leistungsstarken Motors, den sie bei einem Mechaniker in Auftrag gaben. Das Ergebnis war ein 77 Kilogramm schwerer, wassergekühlter Vierzylinder-Benzinmotor mit zwölf PS.

Damit bestückten sie ihren Doppeldecker namens ›Flyer‹, der eine Spannweite von 12,3 Metern besaß und 340 Kilogramm wog. Am Vormittag des 17. Dezember 1903 hoben sie damit ab. Zuerst legte Orville Wright in zwölf Sekunden 37 Meter zurück, anschließend gelang Wilbur ein fast eine Minute dauernder Flug über 260 Meter. Fünf Zuschauer konnten diese historische Meisterleistung bezeugen.

Von fundamentaler Bedeutung für den weiteren Motorflug war vor allem das aerodynamische Steuerungssystem, das die Brüder Wright entwickelt hatten. Sie verwendeten ein Höhen- und Seitenruder, und die Tragflächen waren verwunden, womit sie das heutige Querruder vorwegnahmen. Dadurch ließ sich das Flugzeug in allen drei Achsen lenken.

Die Brüder Wright hielten lange ihre Flugzeuge geheim und versuchten sie zu verkaufen – vor allem ans Militär. Sie gründeten sogar Werke in Frankreich und Deutschland, doch die Flugzeugentwicklung schritt rasch voran, insbesondere in diesen beiden Ländern, so dass der Wright'sche Doppeldecker bald unterlegen war.

Viele Flugpioniere haben offen ihre Bewunderung für Otto Lilienthals Leistung ausgesprochen und ihn als ihr Vorbild gepriesen. So fasste der Franzose Ferdinand Ferber, der 1909 bei einem Absturz ums Leben kam, den »Tag, an welchem Lilienthal im Jahre 1891 seine ersten 15 Meter in der Luft durchmessen hat, als den Augenblick auf, seit welchem die Menschen fliegen können«.[11]

Aristarch von Samos, um 260 vor Christus, © akg-images.

Meine Bewunderung findet keine Grenzen
Aristarch von Samos' verlorener Kampf um
das heliozentrische Weltbild

Frauenburg ist ein kleines Städtchen an der Danziger Bucht, erbaut auf einem flachen Hügel am Südrand des Frischen Haffs, das die Stadt von der Ostsee trennt. Im Norden erkennt man bei klarem Wetter das schimmernde Meer, während sich nach Süden hin eine fruchtbare, hügelige und von kleinen Seen durchsetzte Landschaft ausdehnt. Das Stadtbild von Frauenburg dominiert ein Gebäude: die Kathedrale. Dieser aus dem 14. Jahrhundert stammende, mit vielen Türmen gekrönte Backsteinbau ist nicht nur ein Gotteshaus, sondern dient auch als militärische Wehranlage. Hier versieht Nikolaus Kopernikus den Dienst des Domherrn, 1528 hat man ihn sogar zum vierten Mal zum Kanzler des Domkapitels gewählt.

Neben seinem geistlichen Amt kennt Kopernikus nur eine Leidenschaft: die Astronomie. An der Nordwestecke der Verteidigungsanlage hat er einen Turm bezogen, in dem er seinen Himmelsstudien nachgeht. Daneben besitzt er ein eigenes kleines Haus außerhalb des Dombezirks, in dem er eine Sternwarte eingerichtet hat. Doch im Grunde ist Kopernikus kein eifriger Beobachter, sondern er studiert die alten Gelehrten, sichtet deren astronomische Messdaten und versucht, aus ihnen den göttlichen Bauplan des Kosmos zu erschließen.

Schon längst ist er davon überzeugt, dass nicht die Erde im Mittelpunkt des Universums steht, sondern die Sonne. Alle Planeten umkreisen sie, auch die Erde. Damit verliert die Erde – und mit ihr auch der Mensch – die herausgehobene Stellung in der Welt und ist nur einer unter fünf anderen Planeten.

In der Mitte der 1530er Jahre arbeitet Kopernikus an einem Buch, in dem er seine Kosmologie zusammenfassen und überzeugend darlegen will. Es soll sein Lebenswerk krönen: ›De revolutionibus orbium coelestium, Über den Umschwung der Himmelskreise‹. Vermutlich hat er bereits Ende 1529 seine Skizzen, Entwürfe und Tabellen zusammengestellt und zwei Jahre später die erste Version beendet, doch immer wieder kommen ihm Zweifel. Er ändert Überschriften und Kapitelanfänge, korrigiert Zahlen und Tabellen. In dieser Phase ändert er auch den Aufbau des Werkes und fasst die anfänglichen acht Kapitel zu sechs zusammen. Dabei streicht er eine denkwürdige Stelle aus dem Manuskript: »Glaubhaft ist, dass … Philolaos die Bewegbarkeit der Erde angesetzt habe, und in diesem Punkt sei Aristarch von Samos gleicher Auffassung gewesen, so berichten einige.«[1]

Zwar hat Philolaos, ein Zeitgenosse des Sokrates, von einer bewegten Erde gesprochen. Allerdings beruhte diese Behauptung nicht auf astronomischen Beobachtungen, sondern entsprang einem rein philosophischen Dogma.

Ganz anders Aristarch von Samos. Das einzige von ihm überlieferte Werk ist ein brillantes Zeugnis seiner Genialität und Kühnheit. Seine Arbeit ›Über die Größen und Entfernungen der Sonne und des Mondes‹ ist der erste bekannte Versuch, den Himmel zu vermessen. Schon das allein muss als ein Bruch mit der damals alles beherrschenden Aristotelischen Philosophie angesehen werden, hatte Aristarch doch den göttlichen Himmel mit schnöden, irdischen Methoden ausgelotet. Er unterschätzte zwar die Distanzen im Sonnensystem ganz erheblich, aber mit den damaligen Hilfsmitteln war eine genaue Entfernungsmessung auch gar nicht möglich. Es ist erstaunlich, dass er überhaupt zu einem Ergebnis kam. Entscheidend aber war die Erkenntnis: Die Sonne ist viel größer als die Erde.

Möglicherweise führte diese Entdeckung Aristarch zu seiner revolutionären Hypothese, die ihn berühmt machte: Nicht die Erde steht im Zentrum des Kosmos, sondern die Sonne. Es mag ihm unnatürlich erschienen sein, dass sich ein großer Körper um einen kleinen dreht. Die Erde bewegt sich auf einer Kreisbahn um die Sonne und dreht sich einmal pro Tag um die eigene Achse. Der Mond umkreist die Erde.

Eine Arbeit von Aristarch über dieses heliozentrische Weltsystem ist nicht erhalten geblieben, lediglich Archimedes erwähnt sie in seiner überlieferten Schrift ›Die Sandzahl‹. Plutarch schrieb später, der Philosoph Kleanthes in Athen habe dazu aufgerufen, Aristarch aus diesem Grunde wegen Gottlosigkeit anzuklagen. Es gibt keine Hinweise darauf, dass der Prozess wirklich stattgefunden hat, aber die These von der Zentralstellung der Sonne war in der Welt, und sie wurde noch über Jahrhunderte hinweg diskutiert. So geht der wohl berühmteste Astronom der Antike, Claudios Ptolemaios, rund 400 Jahre später darauf ein – und verwirft sie. Der Streit um das heliozentrische Weltsystem kulminierte fast zwei Jahrtausende nach Aristarch und ein halbes Jahrhundert nach Kopernikus' Tod, als Galileo Galilei öffentlich dafür eintrat.

Als im März 1543 Kopernikus' ›De revolutionibus‹ erschien, tauchte der Name Aristarch darin nicht auf. Warum der Astronom diesen Hinweis getilgt hat, wissen wir nicht. Und das ist wahrlich nicht das einzige Geheimnis um den Kopernikus der Antike, wie Aristarch auch genannt wird.

*

Aristarchs Lebensdaten sind nur ungefähr bekannt. Man schätzt sie auf 310 bis 230 vor Christus. Zur Zeit seiner Geburt war seine Heimat, die Insel Samos, gerade erst unabhängig geworden. Zuvor hatte sie eine wechselvolle Geschichte hinter sich, bei der sie abwechselnd zu Athen und zu Persien gehörte. Samos war stets ein bedeutender Handelsort und besaß eine große strategische Bedeutung. Ein Zentrum der Wissenschaft und Philosophie war es jedoch nicht, weswegen Aristarch vermutlich nicht dort wirkte. In Frage käme natürlich Athen, das Platon und Aristoteles zum Zentrum der Philosophie gemacht hatten.

Einige Historiker halten es jedoch für wahrscheinlicher, dass Aristarch zumindest zeitweise in Alexandria gewirkt hat. Die 331 vor Christus von Alexander dem Großen gegründete Stadt erlebte zu Aristarchs Zeit einen enormen Aufschwung. Alexander hatte seinen Heerführer Ptolemaios I. zum König von Ägypten ernannt, und der hatte sich zum Ziel gesetzt, Alexandria zur prunkvollsten Stadt der griechisch-hellenistischen Welt zu machen. Insbesondere sollte sie zur neuen wissenschaftlichen und kulturellen Metropole aufsteigen. Für dieses Ziel ließ Ptolemaios die berühmte Bibliothek errichten, die bald die größte weltweit war, und er gründete das Museion, ein »Forschungsinstitut«, in dem Wissenschaftler, Philosophen, Musiker und Literaten unter dem Schutz des Königs lebten und arbeiteten. Für seinen Aufbau warb er aus der ganzen Welt die berühmtesten Köpfe an.

Im 3. Jahrhundert vor Christus erlebte Alexandria in den Wissenschaften eine Blütezeit, weswegen Historiker häufig auch von alexandrinischer Wissenschaft sprechen. So wirkte dort in dieser Epoche zum Beispiel Ktesibios, der Erfinder der Pneumatik. Er hat viele mechanische Geräte gebaut, die mit Wasser- oder Luftdruck betrieben wurden. Bedeutend war auch Herophilos von Chalkedon, der Begründer der wissenschaftlichen Anatomie und Physiologie.

Gleichzeitig befanden sich auch die Künste in einem Umbruch. Hatten Bildhauer bis dahin nach klassischer Manier schöne und wohlgestaltete Männer und Frauen modelliert, so wurden plötzlich auch Bettler und missgestaltete Menschen zu Motiven. Die Wissenschaften und Künste befanden sich also offenbar nicht nur auf einem Höhenflug, sondern auch in einem Umbruch, der unkonventionelle Ideen wie die vom heliozentrischen Weltbild begünstigt haben mag. Eines der berühmtesten Mitglieder des Museions war der Mathematiker

Euklid, dessen Werk für Aristarch von großer Bedeutung gewesen sein muss. Überliefert ist auch das Wirken eines Astronomen namens Timocharis, der von 295 bis 272 vor Christus – also genau zu Aristarchs Zeit – dort Himmelsbeobachtungen ausführte. Da der spätere Astronom Claudios Ptolemaios auf Beobachtungen von Timocharis zurückgriff, wissen wir von den damaligen Techniken und können diese auch für Aristarch annehmen.

Der einzige konkrete Hinweis auf eine von Aristarch ausgeführte astronomische Beobachtung stammt ebenfalls von Ptolemaios. Demnach hat er 281 oder 280 vor Christus die Sommersonnenwende beobachtet, um die Jahreslänge exakt zu bestimmen. Hierfür könnte Aristarch eine neuartige Sonnenuhr verwendet haben, deren Erfindung ihm zugeschrieben wird. Bis dahin bestanden Sonnenuhren im Wesentlichen aus einem Stab, der den Schatten auf eine Fläche mit einem aufgetragenen Zifferblatt wirft. Dabei wird die auf einem Kreisbogen am Himmel erfolgende Bewegung der Sonne auf eine Fläche abgebildet. Das führt zu einer ungleichförmigen Bewegung des Schattens im Laufe des Tages. Aristarch baute nun eine Sonnenuhr, bei der sich das Zifferblatt auf der Innenseite einer Hohlkugel befand. Sie bildete gewissermaßen die Gegenform zur Himmelskugel, was eine gleichförmige Schattenbewegung bewirkte. Eine solche Sonnenuhr nennt man Skaphe, nach dem griechischen Wort für Becken oder Trog.

Und schließlich erfahren wir von dem Historiker Aëtios, dass Aristarch sich auch mit anderen Bereichen der Naturlehre, wie dem Sehen, der Farbe und dem Licht beschäftigt hat. Hier stand er vermutlich unter dem Einfluss seines Lehrers Straton von Lampsakos. Leider ist die Überlieferungssituation bei Straton ähnlich beklagenswert wie bei Aristarch. Als sicher gilt aber, dass Straton bis 285 vor Christus als Erzieher des damaligen Thronfolgers Ptolemaios II. am Hofe in Alexandria arbeitete, wo er wahrscheinlich auch in die Gründung des Museions involviert war.

In der Naturlehre orientierte sich Straton weniger an Aristoteles, sondern vertrat eher die Lehre von Demokrit und Leukipp, wonach die Materie aus Atomen aufgebaut ist. Außerdem lehnte er es ab, die Sterne und gar den Kosmos als Sitz der Götter oder als lebende Organismen aufzufassen, wie es Aristoteles tat.

Insbesondere unterschied sich Straton in einem Punkt von seinen Kollegen: Er sah das Experiment als wesentliches Mittel an, um allgemeingültige Erkenntnisse über die Natur zu erfahren. Die meisten Gelehrten lehnten diesen Weg ab. Sie waren der Meinung, dass man allein aus der Beobachtung der Natur etwas über sie erfahren könne. Dass man aber von einem künstlich ausgeführten Versuch auf allgemeingültige Naturgesetze schließen könne, war ihnen fremd. Damit lässt sich Straton, der schon damals den Beinamen »der Physiker« trug, als Vorläufer der heutigen wissenschaftlichen Methode auffassen, die fast zwei Jahrtausende später Galileo Galilei und andere entwickelten. Letztlich wird ihm auch die Nähe zu einer atheistischen Philosophie nachgesagt.

All dies muss Aristarch beeinflusst haben, leider aber sind fast alle Werke von ihm außer einem verschollen. Viele wurden sicherlich beim Brand der Bibliothek von Alexandria ein Opfer der Flammen.

Wie war der astronomische Wissensstand zu Aristarchs Zeiten? Die zunächst naheliegende, aber falsche Vorstellung, die Erde sei eine Scheibe, war längst überwunden. Schon Aristoteles war von der Kugelgestalt überzeugt und führte dafür auch Beweise an. Dabei machte er sich übrigens schon Gedanken über die mögliche Existenz von »Gegenfüßlern«, die also auf der Südhalbkugel der Erde leben sollten. Aristoteles kam sogar über eine falsche Schlussfolgerung zu dem richtigen Ergebnis, dass die Erde im Verhältnis zu den anderen Gestirnen nicht groß ist. Er erwähnt hierbei nicht namentlich genannte Mathematiker, die den Erdumfang zu 400 000 Stadien berechnet haben. Die berühmteste Erdumfangsmessung der Antike stammt von Eratosthenes von Kyrene, der zwischen circa 275 und 194 vor Christus lebte. Aristarch könnte diese Messung miterlebt haben.

Unumstritten war aber auch das geozentrische System, in dem die Erde im Mittelpunkt der Welt ruht. Sonne, Mond, Planeten und Gestirne mussten sich in diesem System um die Erde drehen, weil sich ansonsten ihre beobachteten Bewegungen am Himmel nicht erklären ließen. Schnell einsichtig war, dass die Sonne die Erde an einem Tag umrundet. Der Mond benötigt hierfür 28 Tage und die auf einer Kugelschale befindlichen Sterne ein Jahr. Hinzu kamen die fünf mit bloßem Auge sichtbaren Planeten Merkur, Venus, Mars, Jupiter und Saturn.

Insbesondere die Planeten zeigten einige schwer erklärbare Verhaltensweisen. Beispielsweise veränderten sie über einen längeren Zeitraum hinweg langsam ihre Helligkeit. Offenbar schwankte ihre Entfernung zur Erde. Außerdem bewegten sie sich unterschiedlich schnell vor dem Sternenhintergrund. Hierbei waren den Astronomen bereits einige Besonderheiten aufgefallen: Merkur und Venus entfernten sich nie sehr weit von der Sonne. Sie tauchten nie um Mitternacht hoch oben am Himmel auf, sondern immer nur kurz vor Sonnenaufgang oder nach Sonnenuntergang nahe am Ost- beziehungsweise Westhorizont.

Geradezu extravagante Bahnen beschrieb der Mars. So kommt es vor, dass sich der Rote Planet monatelang langsam in eine Richtung bewegt. Dann bleibt er plötzlich stehen und kehrt seine Richtung um. In dieser Rückwärtsbewegung bleibt er ungefähr zehn Wochen lang. Dann hält er wieder an, kehrt um und läuft in der ursprünglichen Richtung weiter. Zwei Jahre später wiederholt sich das Spiel aufs Neue. Auch Jupiter und Saturn drehen solche Schleifen, doch sind diese nicht ganz so stark ausgeprägt wie beim Mars.

Die Griechen waren die ersten Wissenschaftler überhaupt, die ein räumliches Modell entwickelten, das all diese Bewegungen erklären sollte – ein revolutionärer Schritt, setzte er doch ein erhebliches Maß an Abstraktion voraus. Auch wenn das anfängliche geozentrische, also erdzentrierte System falsch war, bildete es doch den Beginn der heutigen Astronomie. Kein anderes Volk zuvor hatte ein solches Weltmodell entwickelt.

Für die Astronomen der Antike musste sich im Kosmos der göttliche Bauplan auf das Harmonischste widerspiegeln, schließlich bedeutet dieses altgriechische Wort zu Deutsch: Ordnung, Schmuck oder Glanz. Dazu gehörte, dass sich jeder Himmelskörper mit konstanter Geschwindigkeit auf einer perfekten Kreisbahn um die Erde bewegt. Doch so einfach ließen sich die sehr unterschiedlichen und zum Teil recht komplizierten Planetenläufe nicht erklären.

Eudoxos und Kallippos entwickelten deshalb im 4. Jahrhundert vor Christus das System der homozentrischen Sphären. Hierin waren die Planeten sowie Sonne, Mond und Sterne auf insgesamt acht Kugelschalen verhaftet, die sich alle um die Erde drehten. Diese Sphären waren zudem über unterschiedlich stark geneigte Achsen miteinander verbunden, so dass sich die Bewegungen der jeweils äußeren Sphären auf die inneren übertrugen. Einmal in Gang gesetzt führte dieses Räderwerk komplizierte Bewegungen aus, und die Himmelskörper auf ihnen bewegten sich auf schleifenartigen Bahnen, die den am Himmel beobachteten ähnelten. Eudoxos und Kallippos sahen die Sphären übrigens nicht als real existierend an, sondern benötigten sie nur als theoretische Hilfsmittel.

Doch im Vergleich mit den Beobachtungen blieb das System letztlich unbefriedigend. Abhilfe sollte das Epizykelsystem bringen, das Apollonios von Perge im 3. Jahrhundert vor Christus erdachte. Darin ist die Erde von acht Hauptkreisen umgeben. Auf jedem Hauptkreis läuft der Mittelpunkt eines kleineren Hilfskreises (Epizykel) um, auf dem wiederum der jeweilige Himmelskörper umläuft. Sind alle Kreise in Bewegung, so vollführen die Gestirne Schleifenbewegungen und ihre Entfernungen zur zentrierten Erde verändern sich.

Ganz grob lässt sich diese zusammengesetzte Bewegung mit jener von Pedalen an einem Fahrrad vergleichen. Während sich das Fahrrad (der Hauptkreis) vorwärtsbewegt, vollführen die Pedale einen kleineren Kreis (Epizykel). Bei richtig gewählter Übersetzung scheint sich eines der Pedale von der Seite betrachtet phasenweise rückwärts zu bewegen, obwohl das gesamte Fahrrad vorwärtsfährt.

Doch je genauer Astronomen die Bewegungen der Himmelskörper vermaßen, desto weiter musste das Epizykelsystem verfeinert werden. So wurden manche Hilfskreise so groß, dass sie benachbarte Hauptkreise kreuzten. Außerdem reichte bald ein Hilfskreis pro Gestirn nicht mehr aus, um die beobachteten Bewegungen genau wiederzugeben. Deshalb setzten die Astronomen auf den ersten Hilfskreis einen weiteren Hilfskreis und so weiter. Das Weltmodell des Aristoteles verzeichnete sage und schreibe 49 Kreise. War das der perfekte Bauplan eines Gottes, der nichts Überflüssiges oder Nutzloses in die Welt gesetzt haben soll?

Kopernikus äußerte sich später über die Geozentriker in seiner Vorrede seines ›De revolutionibus‹ so: »Es ergeht ihnen so, wie wenn einer von verschiedenen Stellen Hände, Füße, Haupt und andere Gliedmaßen, zwar in schönster Ausführung, aber nicht nach dem Bild eines einzigen Körpers gezeichnet, hernähme, die wechselseitig überhaupt nicht zueinander passen, so dass ein Ungeheuer eher als ein Mensch sich daraus zusammensetzte.«[2] Außerdem sah Kopernikus in dem Epizykelsystem das Dogma verletzt, wonach sich alle Himmelskörper mit gleichförmiger Geschwindigkeit bewegen. Daran wollte aber auch er festhalten.

Es waren also nicht nur astronomische Argumente, die gegen das geozentrische System sprachen, sondern auch rein philosophische: Warum sollte der Kosmos mit einem derart komplizierten Räderwerk durchsetzt sein, wenn es auch einfach ging? Dieselben Argumente mögen auch Aristarch von Samos 1800 Jahre vor Kopernikus bewogen haben, die Erde aus dem Zentrum des Kosmos zu stoßen und die Sonne an ihre Stelle zu setzen. Wahrscheinlich kam aber noch ein weiterer schwerwiegender Grund hinzu, über den sein ›Über die Größen und Entfernungen der Sonne und des Mondes‹ Auskunft gibt. Worum ging es?

Aristarch kam auf eine brillante Idee, wie er die Entfernung von Sonne und Mond messen könne. Das Prinzip beruht auf einfacher Triangulation, wie sie zum Beispiel die Landvermesser alljährlich nach der Nilschwemme vornahmen. Wenn exakt Halbmond ist, dann strahlt die Sonne den Mond von der Erde aus gesehen unmittelbar von der Seite an. Genauer gesagt stoßen die Verbindungslinien Erde–Mond und Mond–Sonne im Mittelpunkt des Mondes genau senkrecht aufeinander. Sie bilden dort also einen rechten Winkel. Aber die Größe des beobachtbaren Winkels zwischen Sonne und Mond hängt davon ab, wie weit die beiden Himmelskörper von der Erde entfernt sind. Je weiter die Abstände sind, desto mehr nähert sich auch dieser Winkel einem rechten an. Die Aufgabe bestand nun darin, genau zum Zeitpunkt des Halbmondes diesen Winkel zwischen Mond und Sonne am Himmel zu messen. Dieses Verfahren ist im Übrigen völlig unabhängig vom angenommenen Weltbild, es funktioniert im heliozentrischen genauso wie im geozentrischen.

Es ist heute kaum vorstellbar, wie Aristarch die Beobachtung gelungen sein soll, denn der Zeitpunkt des Halbmondes lässt sich durch Beobachtungen nur ungenau festlegen. Das mag auch erklären, warum er für den Winkel zwischen Mond und Sonne einen falschen Wert von 87 Grad ermittelte. In Wirklichkeit beträgt er 89,8 Grad – ist also nur unwesentlich kleiner als ein rechter Winkel.

Historiker haben viel darüber gerätselt, wie dieser Messwert einzuschätzen ist. Einige tendieren sogar zu der Vermutung, Aristarch sei die Messung gar nicht gelungen und er habe diesen Wert einfach angenommen. Denkbar erscheint es aber auch, dass Aristarch den Zeitpunkt des Halbmondes rechnerisch bestimmt hat und dann den Winkelabstand zwischen Mond und Sonne gemessen hat.

Neben den astronomischen Schwierigkeiten hatte Aristarch auch mit erheblichen mathematischen Problemen zu kämpfen. Heutzutage lässt sich die Aufgabe mit trigonometrischen Funktionen (Sinus und Cosinus) recht schnell lösen. Aber zur damaligen Zeit gab es dieses mathematische Werkzeug noch nicht, weswegen sich Aristarch mit aufwändigen Näherungsverfahren behelfen musste. Hier zeigte sich sein außergewöhnliches mathematisches Geschick.

Zusätzlich zu dem Winkel zwischen Sonne und Mond benötigte Aristarch noch einige weitere Größen, die er unter anderem aus totalen Mondfinsternissen ableitete. Am Ende seiner komplizierten Rechnung stand ein beeindruckendes Ergebnis: Die Sonne war etwa 19 Mal weiter von der Erde entfernt als der Mond. Mit einer weiteren Annahme konnte er hieraus schließen, dass die Durchmesser von Mond, Erde und Sonne im Verhältnis 1:3:19 standen. Das hieß: Die Erde würde mehr als 250 Mal in die Sonnenkugel hineinpassen.

Aristarch unterschätzte die Distanzen im Sonnensystem ganz erheblich, was eine Folge des zu groß angenommenen Winkels zwischen Sonne und Mond war. Aber seine Arbeit muss damals revolutionär und in gewisser Hinsicht auch provokant gewesen sein. Nach der Aristotelischen Philosophie erhob sich nämlich die göttliche himmlische Sphäre auch in philosophischer Hinsicht über die irdische. Wie konnte es also jemand wagen, den Himmel mit den Methoden eines Landvermessers auszuloten?

Vor allem aber ist es gut denkbar, dass diese Entdeckung Aristarch zu seiner heliozentrischen Hypothese führte. Es mag ihm unnatürlich erschienen sein, dass sich die Sonne um die viel kleinere Erde bewegen sollte. Und schließlich wurde das himmlische Räderwerk auch mit einem Schlag viel einfacher, wenn man die Sonne in dessen Zentrum stellte und die Planeten mitsamt der Erde sie umkreisen ließ.

Nimmt man nämlich an, dass Merkur und Venus innerhalb der Erdbahn um die Sonne laufen, wird auch verständlich, warum sie sich am Himmel nie weit von dem Tagesgestirn entfernen. Auch die Schleifen von Mars, Jupiter und Saturn finden eine einfache Erklärung. Sie umkreisen die Sonne außerhalb der Erdbahn und benötigen für einen Umlauf länger als ein Jahr. Das bedeutet, dass unser Planet sie immer wieder »auf der Innenbahn« überholt. In diesen Phasen hat es den Anschein, als würden die Planeten zeitweise am Himmel rückwärtslaufen.

Bei diesen Betrachtungen, die zur damaligen Zeit ein hohes Abstraktionsvermögen verlangten, mag auch eine Arbeit von Euklid eine Rolle gespielt haben. Neben seinem legendären Hauptwerk der Geometrie ›Die Elemente‹ hat der Mathematiker ein Buch über Optik verfasst. Darin geht es natürlich nicht um die Abbildung mit Linsen oder Spiegeln, die es damals noch gar nicht gab, sondern um Fragen der Perspektive. So stellte Euklid zum Beispiel fest: »Bei gleicher Geschwindigkeit erscheint das, was weiter entfernt ist, langsamer.« Hierbei spielt es keine Rolle, ob die Bewegung geradlinig ist oder auf einem Kreis erfolgt. Oder: »Wenn sich mehrere Körper mit verschiedener Geschwindigkeit bewegen und zugleich mit ihnen das Auge in der gleichen Richtung, dann wird das, was sich gleich schnell wie das Auge bewegt, stillzustehen, was langsamer ist, sich in entgegengesetzte Richtung, was schneller, in gleiche Richtung nach vorwärts zu bewegen scheinen.«[3] Diese Fälle treten genau bei der beschriebenen Bewegung der Erde relativ zu den Planeten auf.

Was Euklid hier als rein geometrisch-perspektivischen Effekt beschreibt, hat Galilei später für die Mechanik verallgemeinert: Wenn sich verschiedene Körper mit konstanter Geschwindigkeit bewegen, lässt sich aus physikalischer Sicht nicht unterscheiden, welcher ruht und welcher sich bewegt. Alles ist nur eine Frage der Bewegungen relativ zueinander – ein Aspekt, der sogar in Einsteins Relativitätstheorie eine bedeutende Rolle spielen sollte. Leider sind keine weiteren Arbeiten von Aristarch überliefert. Nur dem etwa 25 Jahre jüngeren Archimedes haben wir es zu verdanken, dass wir von Aristarchs kühner Hypothese erfahren. In seiner Schrift ›Die Sandzahl‹ schreibt er: »Es wird [von Aristarch] angenommen, dass die Fixsterne und die Sonne unbeweglich seien und die Erde sich um die Sonne, die in der Mitte der Erdbahn liege, in einem Kreis bewege.« Dann fügt er noch an: »Die Fixsternsphäre aber, deren Mittelpunkt im Mittelpunkt der Sonne liege, sei so groß, dass die Peripherie der Erdbahn sich zum Abstand der Fixsterne verhalte wie der Mittelpunkt der Kugel zur Oberfläche.«[4] Vereinfacht gesagt, sind die Fixsterne im Vergleich zum Erdbahndurchmesser fast unendlich weit entfernt. Was hatte es mit diesem Zusatz auf sich?

Aristarch begegnete damit einem Gegenargument der Geozentriker. Wenn sich die Erde um die Sonne bewegt, dann müsste man am Himmel den Effekt der Parallaxe wahrnehmen können. Beobachtet man nämlich in einem größeren zeitlichen Abstand von etwa einem halben Jahr und damit von zwei gegenüberliegenden Punkten auf der Erdbahn aus die Positionen der Gestirne, so müssten diese geringfügig schwanken. Genau genommen sollten sie im Laufe eines Jahres am Himmel eine kleine Ellipse beschreiben. Je näher ein Himmelskörper ist, desto größer erscheint diese jährliche Verschiebung.

Dazu ein Vergleich: Hält man einen Finger seiner Hand vor sein Gesicht und betrachtet ihn abwechselnd mit dem linken und dem rechten Auge, so scheint der Finger vor dem Hintergrund hin- und herzuspringen. Die Augen entsprechen den beiden Erdpositionen auf der Umlaufbahn und der Finger dem Stern. Entscheidend ist nun: Je weiter der Stern entfernt ist, desto kleiner ist dieser Winkel, den die Astronomen Parallaxe nennen. Da diese Parallaxe aber nicht beobachtet wurde, nahm Aristarch an, die Sterne seien so weit entfernt, dass der Parallaxenwinkel unmessbar klein ist.

Dieses Gegenargument wurde von Ptolemaios bis zu Galilei und Kepler immer wieder vorgebracht. Deswegen schrieb auch Kopernikus in ›De revolutionibus‹, dass »die Erdentfernung von der Sonne ... im Vergleich zur Kugelschale der Fixsterne nicht in Erscheinung tritt«.[5] Letztlich gelang erst 1838 dem Astronomen Friedrich Wilhelm Bessel die erste zweifelsfreie Messung einer Sternparallaxe – zu der Zeit zweifelte schon längst niemand mehr an der Richtigkeit des heliozentrischen Systems.

Die nicht messbare Parallaxe ließ sich mit der enormen Entfernung der Sterne erklären, aber wie stand es mit der Akzeptanz der Behauptung, die Erde stehe nicht im Mittelpunkt der Welt? Der griechische Schriftsteller Plutarch berichtet mehr als drei Jahrhunderte nach Aristarch, der Philosoph Kleanthes habe die Griechen dazu aufgerufen, Aristarch wegen Gottlosigkeit vor Gericht zu stellen. Ob es zu einem solchen Verfahren kam, wissen wir nicht. Zumindest eröffnet sich aber eine verblüffende Parallele zu dem zwei Jahrtausende später auftretenden Fall Galilei.

Es sprachen nicht nur philosophische und theologische Gründe gegen Aristarchs Hypothese, sondern es wurden auch handfeste wissenschaftliche Argumente gegen sie ins Feld geführt. Ablesen lässt sich dies bei Ptolemaios, der sich in seinem berühmtesten Werk, dem ›Almagest‹, mit der Heliozentrik auseinandersetzte. Interessanterweise erkannte er an, dass sie viele Dinge einfacher erklärt. Die entscheidende Frage für ihn aber war: Wenn sich die Erde innerhalb eines Tages einmal um ihre eigene Achse in Richtung Osten dreht, warum bemerken wir dann nichts davon? Warum ziehen nicht immer alle Wolken mit hoher Geschwindigkeit nach Westen? Warum fällt ein senkrecht nach oben geworfener Stein senkrecht wieder herunter und trifft nicht westlich von uns auf? Schließlich hat sich doch die Erde in dem Zeitraum, in dem er sich in der Luft befand, nach Osten weitergedreht. All diese Einwände waren nach dem damaligen Kenntnisstand durchaus berechtigt. Es bedurfte erst der modernen Physik, wie sie Galileo Galilei und Isaac Newton entwickelt haben, um diese Fragen eindeutig zu klären. Dazu gehören das bereits erwähnte Prinzip der Relativbewegung und das Gesetz der Trägheit. Wenn wir einen Stein senkrecht nach oben werfen, nimmt er den Impuls der Erdrotation mit sich, auch wenn er nicht mehr mit dem Werfer und damit auch nicht mit der Erde fest verbunden ist.

Damit sich das heliozentrische Weltbild durchsetzen konnte, bedurfte es also nicht nur genauerer Himmelsbeobachtungen, wie sie Fernrohre ab dem frühen 17. Jahrhundert ermöglichten, sondern auch einer neuen Physik. Es war wiederum Galilei, der 1632 in seinem ›Dialog über die beiden hauptsächlichen Weltsysteme‹ Aristarch ein Denkmal setzte, indem er seinen Sprecher Salviati sagen lässt: »Die Erfahrungen aber, welche man gegen die jährliche Bewegung anführt, scheinen in so offenbarem Widerspruch zu dieser Lehre zu stehen, dass – ich wiederhole es – meine Bewunderung keine Grenzen findet, wie bei Aristarch und Kopernikus die Vernunft in dem Maße die Sinne hat überwinden können, dass ihnen zum Trotz die Vernunft über ihre Leichtgläubigkeit triumphiert hat.«[6]

Ignaz Semmelweis im Jahr 1860.

Das Morden muss aufhören!
Ignaz Semmelweis entdeckt die Ursache für das
tödliche Kindbettfieber

An einem Tag Mitte Mai des Jahres 1847 sitzt der Assistenzarzt Ignaz Semmelweis in seinem Arbeitszimmer der I. Gebärklinik des Wiener Allgemeinen Krankenhauses. Der mächtige
Gebäudekomplex gruppiert sich um rund zehn Höfe und gilt
als eines der größten und modernsten Krankenhäuser
Europas. Semmelweis' Zimmer befindet sich in einem Trakt
des achten Hofes im zweiten Stock. Ein bis zum Boden rei-
chendes Fenster erhellt den Raum, in dem der 29-Jährige zum
wiederholten Male über der Krankengeschichte des kürzlich
verstorbenen Kollegen Jakob Kolletschka grübelt. Dieser Professor der gerichtlichen Medizin hatte mit seinen Studenten
eine Leiche seziert. Dabei war einem der jungen Männer das
Skalpell ausgerutscht und hatte Kolletschka am Finger verletzt. Kurz darauf entzündete sich die Wunde, und von da an
verschlechterte sich der Gesundheitszustand des Mediziners
von Tag zu Tag. Es begann mit Entzündungen der Lymphbah-
nen und Venen, bald schlossen sich eine Brustfell-, Herzbeu-
tel- und Hirnhautentzündung an. Wenige Tage vor seinem Tod
entwickelte sich in einem Auge noch eine Metastase.

Die behandelnden Ärzte konnten Kolletschkas Siechtum
nicht aufhalten, der Tod des verdienten Mediziners war unab-
wendbar. Doch Semmelweis kann nicht so einfach über dieses
Geschehnis hinweggehen. »Tag und Nacht verfolgte mich das
Bild von Kolletschkas Krankheit«,[1] schreibt er später in seiner
denkwürdigen Arbeit ›Die Ätiologie, der Begriff und die Prophylaxe des Kindbettfiebers‹. Und dann wird ihm klar, warum

ihn diese Krankheitsgeschichte nicht loslässt. Kolletschka ist an denselben Symptomen gestorben wie viele schwanger Frauen und ihre Neugeborenen, die in seiner Klinik dem Kindbettfieber erlegen sind.

Was allen anderen Ärzten entgangen ist, führt nun bei Semmelweis zu einer erschütternden Erkenntnis, für deren Anerkennung er bis an sein Lebensende kämpfen wird: Ärzte und Studenten stecken die Wöchnerinnen bei der Untersuchung der Genitalien mit »Cadaverteilen« an. Diese gelangen ins Blut und führen genau zu solchen Entzündungen, an denen Kolletschka gestorben ist. Der Übertragungsweg ist Semmelweis auch klar. Die Mediziner sezieren häufig Leichen und untersuchen anschließend die Schwangeren, ohne die Hände ausreichend zu desinfizieren. Dabei gelangen die todbringenden Keime ins Blut. Worum es sich dabei genau handelt, kann Semmmelweis nicht wissen, denn Bakterien sind noch nicht bekannt. Einmal überzeugt von dieser Theorie, muss sich der junge Assistenzarzt auch die bittere Erkenntnis eingestehen, dass er selbst den Tod vieler hundert Frauen verursacht hat.

Seine Schlussfolgerungen sind logisch und überzeugend. Die Wiener Gebärklinik besitzt seit 1839 zwei Abteilungen: Während in der ersten Abteilung, wo Semmelweis angestellt ist, die Doktoren praktizieren und Studenten ausbilden, arbeiten in der zweiten Abteilung ausschließlich Hebammen. Seit der Einführung dieser Zweiteilung waren grundsätzlich in der ersten Abteilung viel mehr Frauen am Kindbettfieber erkrankt als in der zweiten. Im Jahr 1846 zum Beispiel waren in der ersten Sektion 459 Wöchnerinnen gestorben: eine Quote von elf Prozent. In der zweiten waren es im selben Zeitraum nur 105 junge Mütter, entsprechend 2,6 Prozent. In dem bis dahin schlimmsten Monat, dem April 1847, hatte sogar mehr als 18 Prozent aller Wöchnerinnen das Kindbettfieber den Tod gebracht – also fast jeder fünften Frau. Bei Hausgeburten und sogar bei Gassengeburten ohne jegliche Unterstützung ist dagegen die Sterblichkeitsrate weit niedriger als in der ersten Abteilung der berühmten Klinik, findet Semmelweis heraus. Da diese erschreckende Bilanz in der Bevölkerung bekannt ist, kommt es im Krankenhaus immer wieder zu erschütternden Szenen, wenn Frauen erfahren, dass sie in die erste Abteilung eingeliefert werden. Dies geschieht immer an bestimmten Wochentagen, und hiervon erlauben die Ärzte keine Ausnahme.

Die Mediziner machen verschiedenen Ursache für dieses traurige Phänomen verantwortlich, schlechte Luft führen sie ebenso an wie jahreszeitliche oder magnetische Einflüsse. Semmelweis selbst hat noch in seinem ersten Jahr an der Klinik veranlasst, dass die Wöchnerinnen nicht mehr wie in der ersten Abteilung in der Rückenlage gebären sollten, sondern in der Seitenlage, wie es die Hebammen in der zweiten praktizieren. Zu guter Letzt hat Klinikleiter Johann Klein angeordnet, die ausländischen Studenten von den Untersuchungen fernzuhalten, weil diese angeblich zu grob vorgehen würden. Doch es hat alles nichts geholfen: Die Sterblichkeitsrate ist unakzeptabel hoch geblieben.

Nun ist sich der junge Assistent Semmelweis sicher: Es sind die Ärzte, Assistenten und Studenten selbst, die den Frauen den Tod bringen. Zwar waschen sich die Mediziner nach einer Sektion die Hände mit Seife, aber wie Semmelweis aus eigener Erfahrung weiß, reicht das nicht aus: »Dass nach der gewöhnlichen Art des Waschens der Hände mit Seife die an der Hand klebenden Cadavertheile nicht sämmtlich entfernt werden, beweist der cadaveröse Geruch, welchen die Hand für längere oder kürzere Zeit behält.«[2] Umgehend ordnet er an, dass sich fortan jeder nach einer Sektion die Hände intensiv mit verdünnter Chlorlösung reinigen muss, bevor er eine schwangere Frau untersucht. Später geht er zu dem wesentlich billigeren Chlorkalk über.

Umgehend stellt sich der erhoffte Erfolg ein: Bis zum Ende des Jahres geht die Sterblichkeitsrate auf durchschnittlich drei Prozent zurück, im nächsten Jahr fällt die Rate sogar auf 1,3 Prozent und liegt damit in dem Bereich, den die zweite Abteilung seit jeher verzeichnet. Damit scheint die Ursache erkannt und die Gefahr gebannt zu sein. Doch dem vernünftigen, rationalen Denken steht bei den alten Medizinern, allen voran Klinikleiter Klein, die verletzte Eitelkeit entgegen. Sie können und wollen nicht zugeben, dass sie schuld sind an dem Tod von Tausenden von Frauen. Ein harter Kampf entbrennt zwischen Semmelweis und seinen wenigen, jungen Anhängern auf der einen und den etablierten Ärzten auf der anderen Seite. Semmelweis führt noch weitere Beweise für seine Behauptung an. Doch nach drei Jahren, in denen er sich Anfeindungen und Intrigen ausgesetzt sieht, verlässt er Wien.

Trotz der überzeugenden Resultate in der Gebärklinik, die sich zudem mit so einfachen Mitteln erzielen ließen, setzen sich seine Ideen nur zögerlich durch. Bis aufs Äußerste gereizt wendet er sich in öffentlichen Briefen an seine uneinsichtigen Kollegen und beschimpft sie als Mörder und medizinische Neros. Schließlich liefert man ihn wegen angeblicher Geisteskrankheit in eine geschlossene Klinik ein, wo er zwei Wochen später stirbt – an einer entzündeten Schnittwunde an einem Finger, womit sich der Kreis zu seiner Entdeckung auf tragische Weise schließt. Bis heute bleibt es ungeklärt, ob Semmelweis wirklich geistig verwirrt war oder ob er das Opfer eines Komplotts wurde.

*

Am 1. Juli 1818 gebar Teresa Semmelweis in der schönen Stadt Buda, die sich später mit Pest zu Budapest vereinen sollte, einen Sohn namens Ignaz. Vier Geschwister bewohnten bereits das große Haus nahe der Donau, vier weitere sollten sich noch hinzugesellen. Der Vater dieser kinderreichen Familie war ein vermögender Kaufmann, die Mutter stammte aus der wohlhabenden Familie eines bayrischen Kutschenbauers. In dem zur österreichisch-ungarischen Monarchie gehörenden Buda sprach man Deutsch, erst später lernte Ignaz Ungarisch.

Er war ein sehr guter Schüler und legte das Abitur als Zweitbester des Jahrgangs ab.

Nach einem zweijährigen Anschlussstudium der Philosophie in Pest bot sich nun ein Jurastudium an. Das jedenfalls schwebte dem Vater vor, der aus seinem Sohn einen hohen Juristen bei der kaiserlichen Armee machen wollte. Brav schrieb sich Ignaz im Herbst 1837 an der Universität Wien ein, doch schon bald langweilte er sich. Viel lieber besuchte er zusammen mit einem Freund die finsteren Räume einer ehemaligen Gewehrfabrik in der Schwarzspanierstraße und lauschte in den übel riechenden Sezierkammern den Ausführungen des dortigen Anatomieprofessors. Hier fand der junge Student seine wahre Berufung. Umgehend schrieb er sich an der medizinischen Fakultät ein, wo er 1844 mit einem Thema aus der Botanik promovierte.

Als Nächstes wollte er seinen Magister machen, was heute etwa dem Facharzt entspricht. Er bewarb sich bei dem Gerichtsmediziner Jakob Kolletschka, der später die entscheidende Rolle in Semmelweis' Leben spielen sollte, doch der zog einen anderen Bewerber vor. Sehr zu Semmelweis' Leidwesen erteilte ihm auch ein anderer führender Mediziner eine Absage: Joseph Skoda, der später ebenfalls einen großen Einfluss auf Semmelweis' Karriere haben sollte.

Wenn es nicht die Pathologie sein sollte, dann eben die Gynäkologie. Fleißig belegte er die Kurse und machte schon nach einem halben Jahr seinen Magister in der Geburtshilfe. Noch am Tage seiner Magisterprüfung bewarb er sich bei dem Klinikleiter Johann Klein um die in zwei Jahren neu zu besetzende Stelle eines Assistenten. Klein nahm die Bewerbung des Schülers an und erlaubte ihm obendrein, schon jetzt die Klinik täglich besuchen zu dürfen.

Diese Chance ließ der fleißige Semmelweis nicht ungenutzt verstreichen und verfolgte zudem Vorlesungen der neuen Professoren. An erster Stelle war dies Carl Rokitansky, der 1844 im Alter von vierzig Jahren zum Professor der pathologischen

Anatomie ernannt wurde und als einer der Wegbereiter der modernen Medizin gilt. Sein neuer Weg bestand darin, Krankheitsbilder stärker zu systematisieren, indem er nach dem Tod alle Organe untersuchte und aus dem Auftreten gemeinsamer Veränderungen auf die Krankheitsursache schloss. Diese Vorgehensweise war völlig neu und löste bei der alten Wiener Schule eine wissenschaftliche Umwälzung aus. Vollkommen klar, dass der junge Semmelweis von Rokitansky fasziniert war: In den sechs Jahren an der Klinik »untersuchte ich fast täglich alle weiblichen Leichname«,[3] schrieb Semmelweis später – eine Leidenschaft mit zweifelhaften Folgen, wie sich noch zeigen sollte.

Der zweite Vertreter der medizinischen Avantgarde im Wiener Allgemeinen Krankenhaus war Joseph Skoda, der die Technik der Perkussion bis zur Perfektion entwickelte. Dabei klopfte er auf den Brustkorb eines Patienten und horchte ihn mit einem Stethoskop ab. Wegen dieser Technik, die heute jeder Hausarzt beherrscht, lachten ihn die alteingesessenen Kollegen aus. Der dritte Mediziner in der fortschrittlichen Garde war Ferdinand Hebra, ein Schüler von Rokitansky und Skoda. Er gilt als Begründer der wissenschaftlichen Lehre von den Hautkrankheiten, also der Dermatologie.

Als Semmelweis im Juli 1846 seine Assistentenstelle bei Klein antrat, hatte er bereits viel Erfahrung in der Pathologie gesammelt. Nun kam seine Arbeit im Gebärhaus. Dort verbrachte er den größten Teil des Tages, oft auch die Nacht, wobei er sich zunehmend an Untersuchungen und Operationen beteiligte. Nun wurde er auch täglich Zeuge des schrecklichen Kindbettfiebers, das fast immer tödlich endete – für Mutter *und* Kind. Als Chirurg war er es gewohnt, Menschen heilen zu können, doch bei dieser Krankheit war der Arzt machtlos. Mit Hingabe studierte Semmelweis die Seuche, sei es am Krankenbett, im Seziersaal oder in der Bibliothek.

Theorien über die Ursache gab es viele. Eine der ersten Vermutungen basierte auf der Beobachtung, dass der Unterleib der verstorbenen Wöchnerinnen von Eiter und anderen Sekreten befallen war. Einige Mediziner glaubten deshalb, das Ausbleiben der Menstruation bewirke eine Ansammlung unreiner Säfte im Blut. Normalerweise würden diese nach der Geburt im Wochenfluss den Körper verlassen. Bleibt dieser aus, dann erzeugen die unreinen Säfte das Kindbettfieber, auch Puerperalfieber genannt. Oder die Hypothese der verhaltenen Milch. Hierbei sollte sich die Muttermilch in Richtung des Beckenraums stauen, von dort in den Blutkreislauf und die Organe gelangen und dann die Sekrete im Uterus hervorrufen. Ursache für diesen Irrglauben war die Annahme, die Milch sei umgewandelte Menstruationsflüssigkeit.

Die meisten Ärzte waren indes davon überzeugt, dass das Kindbettfieber in Epidemien auftrete, was zu den genannten Ursachen natürlich gar nicht passte. Stattdessen machten sie eine schlechte, krankheitserregende Atmosphäre dafür verantwortlich. Der schottische Arzt Alexander Gordon zum Beispiel versuchte in Aberdeen einer drei Jahre lang wütenden Kindbettfieberepidemie dadurch Herr zu werden, dass er die Räume ausräuchern sowie Betten, Nachthemden und Bettzeug verbrennen ließ. Ohne Erfolg.

Das alles überzeugte den Assistenten Ignaz Semmelweis nicht. Er ging die Fragestellung systematisch an und trug zunächst einmal alle verfügbaren Daten zusammen, zum Beispiel über Gassengeburten. Dabei handelte es sich um Babys, die auf der Straße geboren wurden. Viele dieser Mütter begaben sich anschließend zur Pflege in die Klinik. »Ich habe bemerkt, dass nun gerade die Wöchnerinnen, welche eine Gassengeburt überstanden hatten, auffallend seltener erkrankten als diejenigen, welche im Gebärhaus geboren hatten«,[4] schrieb er. Der Grund wurde ihm später klar: Frauen, welche die Geburt bereits hinter sich hatten, wurden von den Ärzten und Studenten nicht mehr untersucht und damit auch nicht angesteckt. In dieselbe Richtung ging auch die Erkenntnis, dass weniger Fälle von Wochenbettfieber auftraten, wenn sich in den Semesterferien die Unterrichtsstunden im Gebärhaus verringerten. Semmelweis fand überdies keinen Hinweis darauf, dass Frauen bevorzugt in besonderen, gesundheitsschädlichen Bereichen der Gebärklinik, wie der kühleren Nordhälfte, am Kindbettfieber erkrankten. Auch war die Krankheit ganz offensichtlich nicht ansteckend.

Mit all diesen Befunden entkräftete Semmelweis die am häufigsten vorgebrachte Hypothese, das Kindbettfieber sei eine Epidemie. Diese Erklärung passte auch überhaupt nicht zu der unleugbaren Tatsache, dass die Sterblichkeitsrate in der ersten, ärztlichen Abteilung um ein Vielfaches höher war als in der zweiten der Hebammen.

Die Situation war beklemmend und beunruhigte Semmelweis zutiefst. Täglich kamen Priester in die Klinik, um die Sterbesakramente zu spenden, wobei ihnen der Kirchendiener mit Glockengeläute vorausschritt. »Mir selbst war es unheimlich zu Muthe, wenn ich das Glöckchen an meiner Thüre vorübereilen hörte; ein Seufzer entwand sich meiner Brust für das Opfer, welches schon wieder wegen einer unbekannten Ursache fällt. Dieses Glöckchen war eine peinliche Mahnung, dieser unbekannten Ursache nach allen Kräften nachzuspüren«,[5] erinnerte er sich später und fuhr resigniert fort: »Alles war unerklärt, alles war zweifelhaft, nur die grosse Anzahl der Toten war eine unzweifelhafte Wirklichkeit.«[6]

In dieser verfahrenen Lage gönnte sich Semmelweis eine Auszeit und reiste Anfang März 1847 zusammen mit zwei Freunden nach Venedig. Noch ganz begeistert von den Eindrücken der Kunstschätze in der Lagunenstadt kehrte er am 20. März nach Wien zurück. Dort erfuhr er, dass der von ihm sehr geschätzte Jakob Kolletschka eine Woche zuvor gestorben war. Ursache: Leichenvergiftung. Wie eingangs beschrieben, ließ Semmelweis die Geschichte nicht los, bis er endlich auf den Zusammenhang mit den an Kindbettfieber gestorbenen Wöchnerinnen stieß. In beiden Fällen waren die gleichen Befunde aufgetreten. Seine Schlussfolgerung war ebenso klar wie erschütternd: Die Ärzte und Studenten hatten die Frauen mit »Cadavertheilen« angesteckt. »Consequent meiner Überzeugung muss ich hier das Bekenntnis ablegen, dass nur Gott die Anzahl derjenigen kennt, welche wegen mir frühzeitig ins Grab stiegen«, schrieb er später und fuhr fort: »So schmerzlich und erdrückend auch eine solche Erkenntnis ist, so liegt die Abhilfe doch nicht in der Verheimlichung.«[7]

Es gehörte damals zur gängigen Praxis, medizinische Instrumente mit wässriger Chlorlösung von Fäulnisgeruch zu befreien. Deshalb ordnete Semmelweis an, dass sich jeder Arzt und Student die Hände damit abwaschen müsse, wenn er von einer Sektion kommend die Wöchnerinnen untersuchen wollte. Der überwältigende Erfolg dieser Maßnahme war wie schon erwähnt umgehend sichtbar.

Trotzdem wollte Klinikleiter Klein nicht an diese Erklärung glauben, zumal er dann selbst als eifriger Sezierer mit schuld gewesen wäre am Tod vieler hundert Frauen. Klein hatte eine neue Lüftung installieren lassen mit der Begründung, schlechte Luft sei der Grund für die geringere Sterblichkeitsrate. Doch Semmelweis stieß auf weitere Befunde, mit denen er seine Theorie untermauern, ja sogar ausweiten konnte.

So wurden in die Gebärabteilung zwei kranke Frauen eingeliefert. Die eine litt an Brustkrebs, der so weit fortgeschritten war, dass aus einem offenen Geschwür übel riechendes Sekret austrat. Bei der anderen Frau bildete sich ein eitriges Geschwür am Knie. In beiden Fällen hatten die Schwestern das Sekret unwissentlich in den Uterus der Schwangeren übertragen, woraufhin diese am Kindbettfieber erkrankten. Daraus schloss Semmelweis Ende 1847, dass nicht nur »Cadavertheile« die Krankheit auslösen, sondern jede Art von organischem Fäulnismaterial. Semmelweis sprach stets von zersetztem, tierisch-organischem Stoff.

Spätestens jetzt hätte Semmelweis seine Ergebnisse in einer Fachzeitschrift veröffentlichen müssen. Doch zur Verwunderung der jungen Kollegen, die ihm beipflichteten, griff er nicht zur Feder. Stattdessen unternahm Semmelweis auf Anraten seines Mitstreiters Joseph Skoda einige Versuche, indem er trächtige Kaninchen mit entzündlichen Absonderungen malträtierte. Die armen Tiere starben zwar, aber die Ergebnisse dieser ebenfalls unveröffentlichten Versuche überzeugten nicht. Entscheidend waren die statistischen Resultate aus der Klinik und vor allem der Erfolg nach der Einführung der Desinfektion mit Chlorlösung und Chlorkalk.

Wenn schon nicht der Entdecker selbst aktiv wurde, dann mussten es wenigstens seine wenigen Mitstreiter werden. Als Erster setzte sich Ferdinand Hebra für ihn ein. Er war nicht nur Arzt, sondern auch Redakteur der Zeitschrift der kaiserlich-königlichen Gesellschaft der Ärzte zu Wien. Dort platzierte er im Dezember 1847 einen kurzen Artikel über Semmelweis' Erkenntnisse und die erfolgreiche Anwendung der Desinfektion in der Gebärklinik. Im April des folgenden Jahres fügte Hebra hinzu, dass er zwei zustimmende Briefe erhalten habe, und zwar von einem Professor in Amsterdam und Gustav Adolf Michaelis in Kiel. Letzterer erlitt ein besonders tragisches Schicksal.

Michaelis hatte kurz nach der Veröffentlichung von Hebras Artikel in seiner Klinik die Chlorwaschung eingeführt und konnte den schlagartigen Erfolg bestätigen. Noch kurz zuvor hatte er seine Nichte selbst entbunden. Sie starb am Kindbettfieber. Er ertrug die Gewissensbisse nicht und nahm sich kurz darauf das Leben.

Als Nächster machte sich Skoda für Semmelweis stark. Im Januar 1849 stellte er vor dem Professorenkollegium den Antrag, eine Kommission einzusetzen, welche die Verhältnisse in der Gebärklinik überprüfen sollte. Dem Ersinnen wurde stattgegeben, der Prüfungsgruppe sollten unter anderem Skoda selbst und Carl Rokitansky angehören. Doch vier Tage nach Skodas Antrag reichte Klinikleiter Klein Protest ein. Er beklagte sich darüber, dass Skoda selbst Mitglied sei, wo doch jeder wisse, dass sich dieser »als mein persönlicher Feind bewährt hat«.[8] Ferner sei das Komitee nur eingerichtet worden, um seine Ehre zu untergraben, und überhaupt sei eine unparteiische Untersuchung und ein gerechtes Urteil nicht zu erwarten. Klein forderte deswegen eine Kommission mit unvoreingenommenen Fachleuten. Mit dieser Protestnote wandte er sich nicht an die Professoren, sondern an das kaiserliche Unterrichtsministerium. Das gab ihm recht.

Zu allem Übel endete in dieser Phase auch noch Semmelweis' befristeter Vertrag als Assistent. Semmelweis hatte schon Ende 1848 um Verlängerung gebeten, doch daraus wurde nun nichts. Am selben Tag, als Klein seinen Protest eingereicht hatte, schlug er einen Neuling namens Carl Braun für die Assistenzstelle vor, die dieser selbstverständlich auch erhielt.

Die jungen Kollegen waren entsetzt. Skoda riet Semmelweis, im Ministerium gegen die Entscheidung Berufung einzulegen, was er im März auch tat. Klein fühlte sich seinerseits in die Enge getrieben und führte vor dem Ministerium seine Gründe gegen eine Verlängerung von Semmelweis' Vertrag an. Er behauptete, Semmelweis habe sich gegenüber dem Lehrkörper anmaßend und eigenmächtig verhalten. Schließlich bezichtigte er Semmelweis sogar, in einem Fall schuld an dem Tod eines Kindes gewesen zu sein, das durch eine Operation hätte gerettet werden können. Klein endete den Brief mit der Hoffnung, das »hohe Ministerium werde ihm seine letzten Dienstjahre nicht durch einen gegen ihn feindlich gesinnten Assistenten verbittern wollen«.[9]

Am 31. März trafen in einer Fakultätssitzung Semmelweis' Gegner und Mitstreiter aufeinander. Vehement setzte sich vor allem Rokitansky für seinen jungen Kollegen ein und verwies auf dessen große wissenschaftliche Leistung. Doch es half nichts, die junge Garde verlor den Kampf.

Da Semmelweis nach wie vor nicht bereit war, seine Ergebnisse zu veröffentlichen, trat Skoda für ihn auf die Kanzel und hielt im Oktober 1849 vor der kaiserlichen Akademie der Wissenschaften einen Vortrag, in dem er sowohl über die Verhältnisse an der Wiener Gebärklinik als auch über Semmelweis' Tierversuche berichtete. Gleichzeitig sorgten seine Fürsprecher dafür, dass Semmelweis zum Mitglied der kaiserlich-königlichen Gesellschaft der Ärzte zu Wien gewählt wurde. Dort hielt er endlich von Mai bis Juli 1850 drei Vorträge. Hierin betonte er auch, dass die Infizierung der Wöchnerinnen sowohl von Leichen als auch von Lebenden ausgehen kann. Das hatten Hebra und Skoda in ihren Artikeln nicht so deutlich hervorgehoben, weswegen viele Ärzte stets nur von der Übertragung von Leichengift sprachen.

Damit machte Semmelweis seine Theorie zumindest einigen Wiener Ärzten bekannt und erhielt durchaus Zuspruch. Kurioserweise führten einige Kliniken die Chlorwaschung ein, ohne Semmelweis' Theorie explizit zuzustimmen. Hinter diesem Verhalten standen die Schuldgefühle der Ärzte.

Trotz der verheißungsvollen Vorträge ließ sich Semmelweis nach wie vor nicht zu einer Veröffentlichung überreden, die ihn und seine Lehre in ganz Europa bekannt gemacht hätte. Das war ein wesentliches Versäumnis. Warum Semmelweis sich dagegen wehrte, ließ sich nie klären. Er selbst bemerkte später lediglich, er habe eine angeborene Abneigung gegen alles, was schreiben heißt.

Die Zeichen standen nicht gut für Semmelweis. Zwar war er finanziell durch eine Erbschaft abgesichert, aber seine geliebte Existenz als Arzt war in ernster Gefahr. Im Februar 1850 reichte er ein Habilitationsgesuch ein – ein wenig hoffnungsvolles Unterfangen ohne Veröffentlichung. Außerdem schoss Klein erneut gegen ihn, während Rokitansky sich vehement für Semmelweis einsetzte. Es entbrannte ein Kampf hinter den Kulissen mit erstaunlichem Ausgang. Am 1. Oktober 1850 wurde Semmelweis zum Privatdozenten ernannt. Einen kleinen Haken hatte die Sache aber doch. Semmelweis war anfangs davon ausgegangen, dass er zu Demonstrationszwecken Leichen sezieren dürfe. Das wurde ihm aber abgesprochen.

Stattdessen sollte er nur an Holzpuppen, sogenannten Phantomen, demonstrieren.

Zunächst schien es so, als würde Semmelweis diese Einschränkung akzeptieren. Pünktlich meldete er seine Vorlesungen für das Wintersemester an. Doch dann war er plötzlich verschwunden. Nicht einmal seine engsten Vertrauten hatte er informiert. Rokitansky, Skoda und Hebra waren schockiert. Lediglich Hebra zeigte leidliches Verständnis. Er sollte bei Semmelweis' Todesumständen noch eine gewichtige Rolle spielen.

Es ließ sich nie klären, warum Semmelweis Wien fluchtartig verließ. Vielleicht war er es leid, Spielball von Intrigen zu sein, vielleicht war ihm die wissenschaftliche Arbeit am menschlichen Körper zu wichtig, um darauf verzichten zu können. Ohne Frage verfügte Semmelweis über ein extremes Naturell. Ein Kollege sagte später über ihn, Semmelweis habe zu Freunden immer volles Vertrauen gehabt und sei für sie in jeder Situation vorbehaltlos eingetreten. Wenn er jedoch eine »gemeine Denkungsart« bemerkte, brach er sofort mit der Person, möge sie ihm bis dahin auch noch so nahegestanden haben.

Semmelweis war in seine Heimat zurückgekehrt, er hatte nur die Donauseite gewechselt: Im Februar 1851 wurde er Leiter der Geburtshilfeabteilung des Rochus-Spitals in Pest. Im Vergleich zu Wien war das ein Abstieg. Die Abteilung bestand nur aus wenigen Zimmern und einer Chirurgie. Es verstand sich von selbst, dass Semmelweis zunächst einmal die Hygienevorschriften erhöhte. Er führte Chlorwaschungen ein, die er kompromisslos überwachte, und verbannte Chirurgen aus dem Gebärhaus. Als Folge sank auch hier die Sterblichkeitsrate – und die Zahl der unzufriedenen Mitarbeiter wuchs.

Die angetretene Stelle konnte indes nur eine Übergangslösung für ihn sein. Als 1854 der Professor für Geburtshilfe der Universität Pest, Ede Birly, starb, bewarb sich Semmelweis auf die Stelle. Wie sich später herausstellte, gab es in der Fakultät lange Diskussionen über die Nachfolge, wobei zeitweilig aus-gerechnet Semmelweis' Konkurrent aus Wien, Carl Braun, die besten Chancen hatte. Doch letztlich entschied sich die zu-ständige Verwaltungsbehörde für Semmelweis. Ein wichtiger Grund waren dessen Ungarischkenntnisse.

Die neue Gebärklinik war mit nur 26 Betten noch kleiner als diejenige im Rochus-Spital. Außerdem war das Personal gar nicht gut zu sprechen auf die lästigen Hygienevorschriften des neuen Chefs. Birly hatte Semmelweis' Theorie stets abge-lehnt. Außerdem war der Etat so gering, dass Semmelweis nicht einmal genügend Bettzeug erhielt, um seine Hygiene-maßnahmen durchzusetzen. Kurzerhand kaufte er es auf eige-ne Kosten. Als es 1856/57 dennoch zu 16 unerwarteten Todes-fällen kam, ging Semmelweis der Sache auf den Grund und fand heraus, dass die Oberschwester nicht ausreichend gerei-nigte Bettlaken verwendet hatte. Außer sich vor Zorn packte Semmelweis einen Stapel schmutziger Laken und warf sie dem Verwaltungsbeamten vor die Füße. Als Folge davon be-kam seine Klinik zwar wieder sauberes Bettzeug, aber Sem-melweis hatte sich einige Feinde mehr geschaffen. Auch seine Jähzornausbrüche trugen nicht gerade zu einem freundschaft-lich gesinnten Personal bei.

In dieser Phase unternahm Semmelweis den Versuch, nach Wien zurückzukehren, um dort die Nachfolge seines ehemali-gen Chefs Klein zu übernehmen. Aber wie kaum anders zu er-warten, entschied sich die Kommission für seinen Erzrivalen Carl Braun. Der Grund: Semmelweis habe keine Veröffentli-chung vorzuweisen.

Während Semmelweis beruflich immer wieder Rückschläge erlitt, eröffneten sich privat plötzlich ganz neue Perspektiven. Er hatte, vermutlich über eine geschäftliche Verbindung seiner Brüder, die gerade einmal zwanzig Jahre junge Kaufmanns-tochter Maria Weidenhoffer kennen gelernt. Sie heirateten im Juni 1857 und zogen in ein großes Wohnhaus nahe der Do-nau. Sein Privatleben geriet dadurch in ein friedliches Fahr-

wasser, aber in der Klinik führte er weiter die alten Graben-
kämpfe gegen eine knauserige Verwaltung. Gleichzeitig erfand er neue Untersuchungs- und Operationsmethoden, über
die er in Vorträgen berichtete und die er sogar in der Fachzeitschrift ›Orvosi Hetilap‹ veröffentlichte – allerdings auf Ungarisch. Gleichzeitig schrieb er vielen Vorständen von Gebär-
häusern und klärte sie über die Ursache des Kindbettfiebers
und die einfachen Gegenmaßnahmen auf. Doch die meisten
glaubten ihm immer noch nicht.

Seine Veröffentlichungen auf Ungarisch reichten keinesfalls
aus, um seine Erkenntnisse über die Grenzen hinweg zu ver-
breiten, wer verstand diese Sprache schon? Deshalb drängte
ihn der Herausgeber der ›Orvosi Hetilap‹, seine Lehre auf
Deutsch niederzuschreiben. Endlich setzte er sich an den
Schreibtisch. 18 Monate lang schrieb er unermüdlich und legte im Oktober 1860 sein einziges großes Werk vor: ›Die Ätiologie, der Begriff und die Prophylaxe des Kindbettfiebers‹. Auf
544 Seiten erfuhr der Leser alles über seine Studien in Wien,
bekam Einsicht in die statistischen Daten und die Ergebnisse
der Chlorwaschung. Das stilistisch sperrige Werk bildete die
Grundlage der modernen Hygiene und es ist die erste Arbeit,
in der medizinische Erkenntnisse auf statistischem Wege erzielt wurden.

Nicht zuletzt widmete er einen Teil der ›Ätiologie‹, um mit
seinen Gegnern abzurechnen. Am ausgiebigsten beschäftigte
er sich mit seinem »liebsten Feind« Carl Braun, dem er nicht
nur Unwissenheit, sondern auch bösen Willen vorwarf. Und
weil er schon einmal dabei war, attackierte er auch noch Rudolf Virchow, den angesehenen Chefpathologen an der Charité in Berlin. Er beschimpfte ihn als Schreckensbild für die Naturforschung und einen schlechten Beobachter. Virchow hatte
1858 darauf hingewiesen, dass in der Charité die meisten
Frauen in den Wintermonaten am Kindbettfieber erkrankt waren. Er führte dies darauf zurück, dass in dieser kalten Jahres-
zeit die Zimmer nicht ausreichend gelüftet würden und sich

so gesundheitsschädliche Luft ansammeln konnte. Semmelweis kannte natürlich den wahren Grund: Im Wintersemester fanden mehr Untersuchungen der Wöchnerinnen durch Studenten statt.

Mit Akribie nahm Semmelweis auch den Leiter der Gebärklinik in Prag, Friedrich Wilhelm Scanzoni, auseinander. Scanzoni war nach Versuchen mit Chlorwaschungen zu dem Ergebnis gekommen, dass diese Praxis nicht helfe, sondern das Kindbettfieber epidemische Ursachen habe. »Wenn Scanzoni so grossartige Erfahrungen machen konnte, so entnimmt daraus der trauernde Menschenfreund, welch eine entsetzliche Verschwendung an Menschenleben auch im Prager Gebärhaus stattgefunden, und das sind nur die Mütter, und wo ist erst die Legion der Kinder, die durch ihre Mütter inficiert ... sterben mussten.«[10] In einem kurzen Nachwort versicherte Semmelweis, er habe nicht aus Zanksucht geschrieben, aber das Schweigen müsse endlich ein Ende haben, und es sei seine Pflicht und sein Recht zu polemisieren. Gut kam die Polemik nicht an.

Semmelweis schickte einige Exemplare des dickleibigen Werkes an Kollegen und medizinische Gesellschaften. Als die erhoffte Reaktion ausblieb, griff er zu einer neuen Waffe: dem offenen Brief. Den ersten schrieb er dem Wiener Gynäkologieprofessor Joseph Späth, der sich im März 1861 öffentlich gegen Semmelweis' Lehre ausgesprochen hatte. Semmelweis beschimpfte ihn nun mit den Worten, seinem Geist sei »die puerperale Sonne« – sprich Semmelweis' Erkenntnis – nicht aufgegangen, und endete mit dem Ausruf: »Das Morden muss aufhören. ... Für mich gibt es kein anderes Mittel, dem Morden Einhalt zu thun, als die schonungslose Entlarvung meiner Gegner.«[11] Der nächste Gegner hieß Scanzoni: »Ihre Lehre, Herr Hofrath, basirt auf den Leichen, aus Unwissenheit ermordeter Wöchnerinnen«, rief er wütend dem »medicinischen Nero« zu: »Sollten Sie aber, Herr Hofrath, ohne meine Lehre widerlegt zu haben, fortfahren, Ihre Schüler und Schülerinnen in der Lehre des epidemischen Kindbett-Fiebers zu erziehen, so erkläre ich Sie vor Gott und der Welt für einen Mörder.«[12]

Die großkalibrigen Worte, mit denen Semmelweis um sich schoss, verwundeten viele Kollegen zutiefst in ihrem Ehrbefinden. Sie empörten sich über den rauen Umgangston: »Auf jeder Seite sind die widerwärtigsten Schimpfereien und Injurien zu lesen«, schrieb der angesehene Leipziger Professor Carl Credé. Sicher war Semmelweis' Stil nicht dazu angetan, die Altvorderen zu bekehren, aber er sah wohl keine andere Möglichkeit mehr, dem »Morden« ein Ende zu bereiten. Als alles nichts half, verfasste er einen offenen Brief an sämtliche Professoren der Geburtshilfe. Darin beklagte er, dass von der großen Anzahl der Professoren innerhalb von 15 Jahren nur zwei die von ihm entdeckte Wahrheit erkannt hätten. Namentlich seien dies Michaelis in Kiel, der sich das Leben genommen hatte, und Lange in Heidelberg. Damit unertrieb er sicherlich, wie ihm Michaelis' Nachfolger Louis Kugelmann schrieb: »Nicht viele setzen die Liebe zur Wahrheit über die Selbstliebe«, aber »vergessen Sie übrigens nicht, verehrtester Freund, dass Sie vorwiegend die Stimmen Ihrer Gegner vernehmen, nicht aber erfahren, wie viele sich von Ihnen belehren lassen«.[13] Es gab sie also durchaus, die Anhänger der Semmelweis'schen Lehre, aber sie führten seine Hygienemaßnahmen an ihrer Klinik ohne großes Aufheben ein.

Die jahrelangen Scharmützel mit den uneinsichtigen bis feindseligen Ärzten, die unablässige Arbeit ohne einen Tag Urlaub – das hinterlässt bei jedem Menschen Spuren, mag er innerlich noch so stark und streitbar sein. Auch Semmelweis schlug der Kampf auf die Psyche. Er zeigte zunehmend Anzeichen von Depressionen und Manie. Im Juli 1865 verfasste der befreundete Kinderarzt János Bókai einen Bericht über Semmelweis' Zustand. Demnach habe er seine Familie immer stärker vernachlässigt und entgegen seiner bisherigen Gewohnheit zunehmend Alkohol getrunken. Sein Benehmen wurde »unanständiger«, sein Lebensstil verschwenderisch, seine

Kleidung nachlässig. Außerdem habe er ein Verhältnis mit einem Freudenmädchen angefangen und seine Frau mit ungewohnten sexuellen Praktiken konfrontiert. Letztlich bescheinigte Bókai Semmelweis eine Geistesstörung.

Semmelweis' Ehefrau Maria wurde das Benehmen ihres Mannes immer unheimlicher, und eine gerade einmal ein Jahr alte Tochter machte die Situation nicht einfacher. Schließlich riet ihr der befreundete Chirurg János Balassa, Semmelweis in eine Irrenanstalt einweisen zu lassen. Dieses Vorhaben mussten sie ihm freilich verschweigen. Sie empfahlen ihm einen Kuraufenthalt in einem Sanatorium in Gräfenberg. Am 29. Juli machten sich Maria und Ignaz zusammen mit der kleinen Tochter Antonie sowie einem Onkel von Maria und einem Assistenten der Klinik mit der Bahn auf den Weg. Am frühen Morgen erreichten sie den Wiener Hauptbahnhof, wo sie der ehemalige Kollege Hebra erwartete. Der stand natürlich nicht zufällig auf dem Bahnsteig, sondern war zuvor instruiert worden.

Hebra überredete Semmelweis, gemeinsam sein neues Sanatorium anzuschauen. Semmelweis war darüber hocherfreut, und so machte sich die kleine Gesellschaft auf den Weg. Maria und die kleine Antonie blieben bei Hebras Gattin. Nach kurzer Fahrt erreichten die Männer das Sanatorium, das es nun zu besichtigen galt. Semmelweis zeigte sich sehr interessiert und bemerkte während eines Gesprächs mit einem Arzt nicht, dass seine Begleiter heimlich das Gelände verließen. Dann schloss man plötzlich hinter ihm die Tür. Man hatte ihn in eine Falle gelockt. Jetzt wurde Semmelweis auch klar, warum die Fenster vergittert waren: Man hatte ihn in einer Irrenanstalt eingesperrt. Er bekam einen Tobsuchtsanfall, so dass ihn die Wärter kaum bändigen konnten. Sie steckten ihn in eine Zwangsjacke und schlossen ihn in einer »Dunkelkammer« ein, wie es hieß.

Zwei Wochen später, am 14. August, erhielt Maria, die ihren Mann seit der Einlieferung nicht mehr besucht hatte, einen Brief aus der Anstalt. Darin teilte man ihr mit, dass ihr Mann einen Tag zuvor gestorben war. Die Obduktion des Leichnams erfolgte im pathologischen Institut des Allgemeinen Krankenhauses, genau dort, wo Semmelweis selbst viele Leichen seziert hatte und wo bei Kolletschka die verräterischen Symptome gefunden worden waren. Als Ursache für Semmelweis' Tod gab der untersuchende Arzt eine Verletzung am Mittelfinger der rechten Hand an, die sich Semmelweis angeblich bei einer gynäkologischen Operation zugezogen hatte. Die Wunde hatte sich entzündet, infolgedessen hatten sich am rechten Arm Abszesse gebildet, eine große Metastase war zwischen den Brustmuskeln aufgetreten und hatte das Rippenfell zerstört, im Brustraum hatte sich Eiter gebildet. Es waren ziemlich genau diese Befunde, die Semmelweis 18 Jahre zuvor auf die Spur nach der Ursache des Kindbettfiebers gebracht hatten. Damit hatte sich sein Lebenskreis auf erschreckende Weise geschlossen.

Zu seiner Beerdigung auf dem Schmelzer Friedhof in Wien kamen nur wenige Trauergäste, weder einer der ehemaligen Kollegen aus Pest noch seine kranke Frau waren angereist. Die Tagespresse und die medizinischen Zeitschriften in Österreich und Deutschland brachten nur kurze Notizen über Semmelweis' Tod. Eine Würdigung seiner Leistungen erfolgte einzig im ungarischen Journal ›Orvosi Hetilap‹.

Über Jahrzehnte hinweg blieben stets Zweifel an dem genauen Hergang der Geschehnisse und der Todesursache bestehen. 1963 wurden Semmelweis' sterbliche Überreste exhumiert. Bei der anschließenden Untersuchung stellten die Ärzte mehrfache Frakturen an Händen und Armen sowie des linken Brustkorbes fest. Der amerikanische Mediziner und Semmelweis-Biograf Sherwin Nuland schloss hieraus, dass Semmelweis in der Irrenanstalt geschlagen und auf ihm herumgetrampelt wurde, während er auf dem Boden lag. Eine plausible Schlussfolgerung, die ihm weitere Kollegen bestätigten, zumal die Wärter in Irrenanstalten keineswegs medizinisch geschult waren und vor allem kräftig zulangen mussten, wenn es darum ging, Patienten ruhigzustellen.

In den 1970er Jahren war der Gynäkologe und Medizinhistoriker Georg Silló-Seidl auf diverse Ungereimtheiten im Fall Semmelweis gestoßen. So waren nach dem Tod unterschiedliche und sich widersprechende Autopsiebefunde aufgetaucht. Als Silló-Seidl diese Differenzen aufklären wollte, bemerkte er, dass offensichtlich keiner dieser Veröffentlichungen das Original der Krankenunterlagen zugrunde lag. Und diese Originale waren verschwunden. Nach langen Recherchen konnte Silló-Seidl sie im Archiv der Wiener Gesundheitsbehörde auftreiben. Aus diesem Krankenbericht schloss er, dass Semmelweis sich die Wunde am Finger nicht bei einer Operation zugezogen hatte, sondern sie ihm erst in der Anstalt zugefügt wurde, als man ihn ans Bett fesseln oder in die Zwangsjacke stecken wollte. Dafür sprach auch die Tatsache, dass Janos Bókai in seinem Bericht vor der Einweisung auf keine Wunde hingewiesen hatte, obwohl diese angeblich zu dem Zeitpunkt bereits entzündet gewesen sein soll. Die zunehmende Verschlechterung der Entzündung wurde dann von den Ärzten gar nicht oder zu spät bemerkt, weil man den zu Recht wütenden Semmelweis in der Zwangsjacke ließ.

Damit nicht genug. Silló-Seidl vermutet, dass die sich über zwei Wochen hinziehende Krankengeschichte gar nicht Tag für Tag, sondern nachträglich aus der Erinnerung und am Stück geschrieben worden sei. Außerdem bezweifelt er, dass Semmelweis wirklich wahnsinnig war. Vielmehr habe man einige auffällige Verhaltensweisen aufgebauscht. Summa summarum vermutet der Medizinhistoriker ein Komplott, das dazu diente, den unbequemen Mediziner loszuwerden. Tatsächlich war Semmelweis' Nachfolger ein bekannter Gegner seiner Lehre. Unter seiner Leitung stieg die Sterblichkeitsrate der Wöchnerinnen denn auch wieder an.

Ob Semmelweis verrückt geworden, nur nervlich überreizt war oder an Alzheimer-Demenz litt, wie Nuland vermutet, wird sich nie klären lassen. Er wurde ein Opfer von uneinsichtigen und eitlen Autoritäten, und er wurde ein Opfer seiner eigenen Ungeduld und Unbeherrschtheit.

Mit etwas Glück hätte Semmelweis den Krankheitserregern auf die Spur kommen können. Knapp zehn Jahre vor seinem Tod hatte Louis Pasteur mit mikroskopischen Untersuchungen entdeckt, dass Mikroben für die Gärung bestimmter Stoffe verantwortlich sind. Bis dahin waren viele Forscher der Meinung, Gärung sei eine rein chemische Reaktion. Das brachte Pasteur auf die Idee, Bakterien seien auch dafür verantwortlich, dass immer wieder Produkte von Winzern und Brauern in großen Mengen verdarben. Weitere Experimente belegten dann, dass man diese Bakterien durch Erhitzen abtöten kann. Daraus entwickelte sich das Pasteurisieren von Milchprodukten. Pasteur stellte also einen Zusammenhang zwischen Bakterien und krankhaften Veränderungen organischer Substanzen her.

Hätte Semmelweis diese Ergebnisse gelesen, so wäre er diesem Verdacht vielleicht nachgegangen und hätte die Wundsekrete der an Kindbettfieber verstorbenen Frauen mikroskopisch untersuchen können. Semmelweis hätte dafür auch einen Mitstreiter an der Klinik gefunden: Der fortschrittliche Anatomieprofessor Joseph Hyrtl hatte sich auf Mikroskopie verlegt. Doch Pasteurs Veröffentlichungen erschienen in Chemiezeitschriften, die von Medizinern kaum gelesen wurden.

Anders verhielt sich der Chirurg Joseph Lister am Glasgow Royal Infirmary. Ohne Kenntnis von Semmelweis' Studien untersuchte er entzündete Wunden mit dem Mikroskop und kam zu dem Schluss, dass tatsächlich Mikroben für die Entwicklung von Infektionen verantwortlich sind. Er fand dabei auch heraus, dass sich die Bakterien durch Behandlung mit Karbolsäure abtöten ließen. Er nannte diese Methode Antisepsis. Zwei Jahre nach Semmelweis' Tod veröffentlichte Lister mehrere Artikel darüber in der englischen Fachzeitschrift ›Lancet‹. Jahrelang sah sich Lister in England ähnlichen Widerständen ausgesetzt wie Semmelweis, doch letztendlich setzte sich seine Theorie durch. Seitdem gilt der mit vielen Ehrungen überhäufte und in den Adelsstand erhobene Lister als Vater der antiseptischen Chirurgie.

Unabhängig davon entdeckten 1869 in Frankreich zwei Wissenschaftler im Wochenfluss von Frauen mit Kindbettfieber kettenförmige Mikroben. Zehn Jahre später gelang Pasteur der Nachweis der gleichen Mikroben im Blut von Frauen, die dem Kindbettfieber erlegen waren. So konnte er auf einem Kongress genau das wiederholen, was Semmelweis zwanzig Jahre lang gepredigt hatte: Die Ärzte infizieren die Wöchnerinnen. Jetzt wusste man, dass sie dabei krankheitserregende Mikroben übertrugen.

Nun wurde den Fachleuten in Deutschland und Österreich auch langsam klar, welches Genie sie in Semmelweis besessen hatten. Im Jahr 1891 wurde an der Universität Budapest ein Semmelweis-Gedächtnis-Komitee gegründet, 1906 weihte man unter großen Festlichkeiten eine Gedenkstatue ein.

Heute ist das Kindbettfieber weitgehend aus den Kliniken verbannt. Das Problem von Infektionen in Krankenhäusern steht indes nach wie vor auf der Tagesordnung. In Deutschland sterben jährlich etwa 15 000 Menschen an Staphylokokken-Infektionen. Deswegen sollen die Hygienevorschriften verschärft werden. Und wie schon zu Semmelweis' Zeiten geht es wieder darum, dass sich die Ärzte und das Pflegepersonal sorgfältiger die Hände desinfizieren müssen.

Ludwig Boltzmann, Lithografie von Rudolf Fenzl, 1898, © *akg-images.*

Und dennoch bewegen sie sich

Ludwig Boltzmanns Kampf um die Atome

Mit der alten Hansestadt Lübeck verbindet wohl kaum jemand herausragende wissenschaftliche Ereignisse. Eher denken wir an Thomas Mann und die Geschichte der Buddenbrooks. Und doch spielt sich hier im September 1895 ein Ereignis ab, das Physikern und Chemikern noch lange in Erinnerung bleiben wird. Auf der Versammlung der Gesellschaft Deutscher Naturforscher und Ärzte liefern sich Anhänger der sogenannten Energetik und der Atomisten einen harten Schlagabtausch. Es geht um nichts Geringeres als den Aufbau der Materie und die Frage: Gibt es Atome?

Als Vertreter der Energetik ist Wilhelm Ostwald von der Universität Leipzig nach Lübeck gereist. Seine Philosophie zielt darauf ab, den wissenschaftlichen Materialismus zu widerlegen. Dazu zählt vor allem die Vorstellung, dass alle Materie aus Atomen aufgebaut ist. In dieser Theorie lässt sich zum Beispiel die Wärme eines Körpers oder Gases einfach dadurch erklären, dass die Atome in ständiger Bewegung sind. Je schneller sie umherflitzen, desto wärmer ist der Stoff. Diesen Grundsatz hat der zu dieser Zeit an der Universität Wien lehrende Ludwig Boltzmann in klare Formeln gefasst.

Am Montag, dem 16. September, tritt der ehrenwerte Ostwald – kräftig, Anfang vierzig, Vollbart, Bürstenhaarschnitt – vor das Publikum und beginnt mit seinem Feldzug gegen den Atomismus. »Ich verkenne nicht, dass mein Unternehmen mich in Widerspruch setzt mit der Ansicht von Männern, die Großes in der Wissenschaft geleistet haben«,[1] gesteht er ein. Dennoch führt er Beispiele aus der jüngeren naturwissen-

schaftlichen Forschung an, die seiner Meinung nach beweisen, dass der Atomismus nicht einmal »als eine brauchbare
Arbeitshypothese« anzusehen und ein »bloßer Irrtum« sei.
Insbesondere wirft er seinen Gegnern vor, sie würden Atome
als physikalische Realitäten ansehen, obwohl sie noch nie eines nachgewiesen hätten. Damit befindet er sich argumenta-
tiv in bester Gesellschaft mit der Autorität Ernst Mach, der
Atomisten gegenüber gerne mit der rhetorischen Frage kam:
»Habens schon eins gesehen?«

Ostwald vertritt die konsequente Philosophie, er könne einer Sache nur dann eine physikalische Realität zusprechen,
wenn er sie mit seinen Sinnen oder einem Messinstrument
wahrnehmen kann. Und das sei bei der Wärme der Fall. »Ja,
hat man mir geantwortet, die Energie ist doch nur etwas Ge-
dachtes, ein Abstractum, während die Materie das Wirkliche
ist!«, führt er aus und fährt fort: »Ich erwidere: umgekehrt!
Die Materie ist ein Gedankending … Es handelt sich immer
nur um Energie, und denken wir uns deren verschiedene Arten von der Materie fort, so bleibt nichts übrig, nicht einmal
der Raum.« Materie sei lediglich eine Zusammenballung unterschiedlicher Energieformen, so meint er.

Nun könnten Ostwalds Ausführungen als die eines Ewig-
gestrigen angesehen und mit einem Kopfschütteln abgetan
werden. Doch er ist ein bedeutender Physikochemiker, der
1909 den Chemie-Nobelpreis für das Verständnis chemischer
Reaktionen bekommen sollte. Auch als Herausgeber der ›Annalen der Naturphilosophie‹ nimmt er eine bedeutende Stellung unter den Chemikern und Physikern ein. Und schließlich
hat er mit seinem ›Lehrbuch der allgemeinen Chemie‹, gern
als ›Der große Ostwald‹ bezeichnet, einen nicht zu unterschät-
zenden Einfluss auf die zukünftige Forschergeneration. Nicht
zuletzt dank ihm sind die Energetiker seit einigen Jahren vor
allem in Deutschland auf dem Vormarsch.

In seinem Vortrag führt Ostwald weiter die Vorzüge seiner
Theorie aus: »Wir fragen nicht mehr nach den Kräften, die wir

nicht nachweisen können, zwischen den Atomen, die wir nicht beobachten können, sondern wir fragen … nach der Art und Menge der aus- und eintretenden Energie. Diese können wir messen, und alles, was zu wissen nöthig ist, lässt sich in dieser Gestalt ausdrücken. Welch ein enormer methodischer Vorzug.«

Es gibt ein weiteres Argument, das Ostwald gegen die Atomisten vorbringt: »Die theoretisch vollkommen mechanischen Vorgänge können ebenso gut vorwärts wie rückwärts verlaufen.« Damit meint er Vorgänge wie die Bewegung eines Pendels. In einer rein mechanischen Welt mit ungeordnet umherschwirrenden Atomen »gäbe es daher kein Früher oder Später … es könnte der Baum wieder zum Reis und zum Samenkorn werden, der Schmetterling sich in die Raupe, der Greis in ein Kind verwandeln«, behauptet er. Mit der Ermahnung, nicht den Fehlern früherer Epochen – sprich der Atomisten seit Demokrit – zu verfallen, schließt er seine Ausführungen.

Ostwalds Vortrag mag noch mit gutmütigem Applaus aufgenommen worden sein, denn im Saal sitzen an diesem Montag überwiegend Mediziner, denen die Hypothesen über den Aufbau der Materie vielleicht nicht so wichtig sind. Doch am darauf folgenden Vormittag sprechen Ostwald und sein Mitstreiter Georg Helm von der Technischen Hochschule Dresden vor Chemikern, Physikern, Astronomen und Mathematikern. Die Veranstaltung findet in einer großen Turnhalle vor einigen hundert Zuschauern statt, die diese Diskussion mit großer Leidenschaft verfolgen. Helm wird hier ein Sturm der Entrüstung entgegenschlagen, von dem er zu Beginn des Vortrags noch nichts ahnt.

Helm beginnt mit einem Grundsatz der Energetiker, dem alle Anwesenden vorbehaltlos zustimmen: Energie bleibt immer erhalten, sie kann weder vernichtet noch erzeugt werden. Allenfalls lassen sich unterschiedliche Energieformen ineinander umwandeln. Dann macht er eine grundlegende Unterscheidung zwischen umkehrbaren Vorgängen wie dem

Schwingen eines Pendels, und nicht umkehrbaren Vorgängen wie dem Altern. Mit einer mathematischen Gleichung meint er, diese beiden unterschiedlichen Arten von Vorgängen beschreiben zu können.

Kaum hat Helm seinen Vortrag beendet, da melden sich schon die Kritiker zu Wort. Angeführt wird die Gruppe von Ludwig Boltzmann. Viele Jahre lang hat er darum gekämpft, physikalisch sauber und auf der Grundlage des atomaren Aufbaus der Materie genau die Frage zu klären, warum manche Vorgänge unumkehrbar sind. Seine Antwort darauf ist sehr einfach: Alle Prozesse in der Natur, denen von außen keine Energie zugeführt wird, bewegen sich in Richtung größerer Unordnung. Der Grund hierfür ist reine Statistik: Der Zustand der Unordnung besitzt eine größere Wahrscheinlichkeit als der der Ordnung. Boltzmann hat das in eine einfache Gleichung gefasst, die später auf seinem Grabstein stehen wird.

Nun steht Boltzmann auf und attackiert Helm und Ostwald. Er gibt durchaus zu, dass »die heute üblichen Methoden der theoretischen Physik viele Lücken aufweisen … Nun weist aber die Energetik noch viel größere Lücken auf.«[2] So verwickelt er Ostwalds Theorie in einen inneren Widerspruch, wenn er die Bewegungsenergie als unabhängig von der Materie existierend ansieht. Dann wirft er den Energetikern vor, sie könnten physikalische Vorgänge wie Schmelzen oder Verdampfen nicht erklären, während die Atomtheorie dies sehr leicht kann. Vermutlich mit größtem Genuss nimmt Boltzmann dann wie mit einem analytischen Seziermesser Helms Energiegleichung auseinander und beweist, dass auch sie zu inneren, unauflösbaren Widersprüchen führt. Mit Empörung wendet sich Boltzmann »gegen das Treiben der vielen leichtsinnigen Hypothesenschmiede, welche hoffen, mit geringer Mühe eine die ganze Natur erklärende Hypothese zu finden«. Zudem sei die Atomtheorie noch zu großer Weiterentwicklung fähig, die Energetik jedoch nicht. Und so geht es immer weiter fort.

Die heftige Auseinandersetzung nimmt kein Ende, so dass die Anwesenden kurzerhand beschließen, sie am nächsten Tag fortzusetzen. Ganz und gar nicht begeistert von dieser unerwarteten Wendung ist Georg Helm. Er ist beleidigt und ertränkt am Abend seinen Kummer in einigen Gläsern Wein und einem Orgelkonzert, wie er seiner Frau in einem Brief gesteht.

Die Fortsetzung des heißen Disputs beginnt am nächsten Morgen mit einer Erklärung Helms. Er fühle sich hintergangen, sagt er und beschwert sich darüber, man sei ihm nicht »mit offenem Visier« entgegengetreten. Er hoffe aber, »dass die Energetik die ihr zugedachte Execution recht glücklich überstehen würde«.[3] Ironischerweise hat Boltzmann selbst einem Komitee angehört, das Helm im Jahr zuvor zu diesem Vortrag eingeladen hat.

Prompt setzt sich Boltzmann zur Wehr und hält den Energetikern vor, sie hätten der theoretischen Physik den Krieg erklärt. »Ich schlug die Energetik als Referat vor, weil ich in den meisten Punkten abweichender Meinung bin und daher hoffte, zur Belebung der Debatte beitragen zu können.«[4] Dies ist Boltzmann ohne Frage gelungen. Als höflicher Mensch bittet er Helm aber um Verzeihung und sagt, er habe nur die Stellen bezeichnen wollen, an denen er ihn nicht verstehe, ansonsten sei dessen Arbeit ja ausgezeichnet.

Nach der Schlacht ist Helm recht zufrieden und blickt erfreut auf das Ereignis zurück. »Das Ende der Diskussion ist übrigens in eine Art Ovation für mich ausgelaufen«,[5] schreibt er seiner Frau. Andere Tagungsteilnehmer sehen das indes anders, zum Beispiel der junge Mathematiker und Physiker Arnold Sommerfeld. Er erinnert sich später: »Der Kampf zwischen Boltzmann und Ostwald glich, äußerlich und innerlich, dem Kampf des Stiers mit dem geschmeidigen Fechter. Aber der Stier besiegte diesmal den Torero trotz all seiner Fechtkunst. Die Argumente Boltzmanns schlugen durch. Wir damals jüngeren Mathematiker standen alle auf der Seite Boltzmanns.«[6]

Aus heutiger Sicht wirkt dieser Kampf um die Atomtheorie geradezu unwirklich. Es gab damals bereits eine Reihe von Hinweisen darauf, dass die Materie aus kleinsten Einheiten, den Atomen und Molekülen, aufgebaut ist. Insbesondere unter Chemikern hatte sich diese Vorstellung weitgehend durchgesetzt. Sie erklärte zum Beispiel, warum Elemente immer in Verhältnissen ganzer Zahlen miteinander reagieren, und auch das um 1869 von Dmitri Mendelejew und Lothar Meyer aufgestellte Periodensystem der Elemente passte sehr gut zum atomaren Aufbau der Materie.

Die Physiker waren um 1900 indes noch nicht durchgehend von der Existenz der Atome überzeugt. Boltzmann schrieb 1898, die Atomtheorie sei »aus der Mode«, und konstatierte eine feindliche Stimmung. Und Max Planck erinnerte sich später: »Gegen die Autorität von Männern wie Ostwald, Helm und Mach war eben nicht aufzukommen.«[7] Das Blatt wendete sich mit der Entdeckung einer Reihe von Phänomenen, die sich bald nur noch im Rahmen der Atomtheorie erklären ließen. Dazu zählte der radioaktive Zerfall ebenso wie Einsteins Erklärung der Brown'schen Bewegung oder Ernest Rutherfords Nachweis des Atomkerns.

Für Boltzmann kam dieser Triumph zu spät: Er nahm sich am 5. September 1906 während eines Sommeraufenthalts in dem schönen Küstenort Duino in der Nähe von Triest das Leben.

*

Ludwig Boltzmann gilt als einer der bedeutendsten Physiker des 19. Jahrhunderts, dennoch wissen wir über sein Leben vor allem in jungen Jahren nur wenig. Als er am 20. Februar 1844 in Wien zur Welt kam, sorgte sein Vater als kaiserlich-königlicher Steuerbeamter für finanziell gesicherte Verhältnisse und die Mutter für eine anständige katholische Erziehung. Boltzmann führte später seinen häufig zwischen himmelhoch

jauchzend und zu Tode betrübt schwankenden Gemütszu-
stand scherzhaft auf seine Geburtsstunde zwischen Fa-
schingsdienstag und Aschermittwoch zurück.

Aus beruflichen Gründen zog die Familie in den kommenden Jahren erst nach Wels, dann nach Linz, wo Ludwig mit
großem Eifer die Schule besuchte. Er war einer der Besten und
sehr wissbegierig. Mit seinen allabendlichen Lesestunden bei
Kerzenschein begründete er eine immer stärker auftretende
Kurzsichtigkeit, Doch wahrscheinlich war sie eine angeborene
Schwäche, die ihm später schwer zu schaffen machen sollte.

Ein Hang zu den Naturwissenschaften äußerte sich zunächst durch das eifrige Sammeln von Käfern und Insekten.
Als es aber 1863 ans Studieren ging, wählte er Mathematik
und Physik. An der Universität Wien übte wohl der junge
Experimentalphysiker Josef Stefan, der im selben Jahr als
Dozent nach Wien kam, den größten Einfluss auf ihn aus. Er
gehörte zu den ersten Physikern auf dem europäischen Kontinent, die sich mit der neuen Elektrizitätslehre des schottischen Physikers James Clerk Maxwell auseinandersetzten und
sie lehrten. Stefan gab Boltzmann ein Exemplar von Maxwells
Werk und gleich noch eine englische Grammatik obendrein,
weil Boltzmann kein Wort Englisch konnte. Nach nur drei Jahren Studium legte Boltzmann seine Doktorprüfung ab. In dieser Zeit hatte er sogar schon zwei theoretische Forschungsarbeiten veröffentlicht, in denen er sich mit Elektrizität und
Wärmelehre beschäftigte. Beide Arbeiten waren aus unterschiedlichen Gründen bemerkenswert.

In der ersten Arbeit, die er im zarten Alter von 21 Jahren
veröffentlichte, wies er dem angesehenen Physiker August
Beer einen Fehler in dessen Lehrbuch nach. Mit einem Pau-
kenschlag also betrat der streitbare Boltzmann die Bühne der
Physik. In der zweiten Arbeit setzte er sich mit dem Begriff
Temperatur auseinander und lieferte für ihn die erste mechanische Deutung. Demnach entspricht eine bestimmte Temperatur der Bewegungsenergie der Atome und Moleküle. Steigt

die Temperatur, so nimmt die Energie zu, sprich die Teilchen werden schneller.

Boltzmann war damals noch völlig unbekannt, weswegen seine Arbeit kaum beachtet wurde. Als der Physiker Robert Clausius vier Jahre später ähnliche Überlegungen anstellte, kam es zum Prioritätsstreit, in dem Clausius schließlich klein beigeben musste. Boltzmann leistete in den folgenden Jahren Beiträge auf sehr vielen unterschiedlichen Gebieten, allein ein Drittel aller Veröffentlichungen widmete er der atomistischen Deutung der Wärmelehre.

Ebenfalls große Bedeutung in Boltzmanns Leben hatte der aus armen Verhältnissen stammende Josef Loschmidt. Er hatte 1865 zum ersten Mal die Größe der Luftmoleküle und deren Anzahl innerhalb eines bestimmten Volumens, etwa eines Kubikzentimeters, abgeschätzt. Außerdem gelang es ihm, die Anzahl der Moleküle in einem bestimmten Volumen abzuschätzen. Diese Loschmidt-Zahl ist für alle Gase gleich. Damit war Loschmidt für Boltzmann einer der Lehrmeister der Atomtheorie.

Nach einem kurzen, unglücklichen Intermezzo als Lehrer an einem Wiener Gymnasium kehrte Boltzmann 1868 als Privatdozent an die Universität zurück. Seine Vorlesungen waren sehr beliebt und die Zuhörerzahl vergrößerte sich ständig. Schon ein Jahr später erhielt er einen Ruf als Professor für mathematische Physik an die Universität Graz, dem er mit Freuden folgte. Die kommenden vier Jahre nutzte er auch für Forschungsreisen, vor allem, um Anschluss an die deutsche Physikerelite zu bekommen. So besuchte er 1870 Robert Wilhelm Bunsen und Gustav Kirchhoff in Heidelberg, die dort die Spektralanalyse entwickelten. Gleich bei seinem ersten Treffen wies Boltzmann sein Gegenüber – vielleicht nicht sehr diplomatisch – auf einen Fehler in dessen letzter Arbeit hin. Kirchhoff war anfangs wohl etwas verdutzt, bald aber überwog offenbar doch die Freude an der gemeinsamen Arbeit. Letztlich waren sie wohl auch insofern Brüder im Geiste, als sie beide eine ehrliche wissenschaftliche Aussprache nicht scheuten, denn nach Boltzmanns eigener Erinnerung sagte der wahrheitsliebende Kirchhoff »rückhaltlos seine Meinung und ließ es auch an scharfen Urteilen nicht fehlen«.[8]

Ende 1871 fuhr Boltzmann dann für einige Monate nach Berlin, um an dem Institut von Hermann von Helmholtz zu arbeiten. Auch bei dem »Reichskanzler der Physik« kam der »junge Brausekopf«,[9] wie sich Boltzmann später selbst einmal bezeichnete, mit seiner unbeschwerten Wiener Art nicht gleich gut an, aber auch bei Helmholtz hinterließ Boltzmann schließlich einen blendenden Eindruck. Später versuchte dieser sogar, Boltzmann nach Berlin zu holen.

Zurück in Wien beschäftigte er sich mit einer Arbeit seines schottischen Kollegen Maxwell, der kinetischen Gastheorie. Hierin führte er alle Wärmephänomene auf die Bewegung von Atomen und Molekülen zurück. Die Idee war nicht neu, sie findet sich schon um 1600 bei Francis Bacon und Johannes Kepler. Lange Zeit war es jedoch hoffnungslos kompliziert, die Bahnen einer enormen Zahl von Teilchen, die willkürlich durch den Raum schwirren, aneinanderstoßen und dadurch ihre Richtung ändern, mathematisch in den Griff zu bekommen. Dies änderte sich, als Maxwell ein solches Teilchenensemble als statistische Größe auffasste. Er verfolgte nun nicht die Bahnen einzelner Teilchen, sondern fragte sich, wie groß die durchschnittliche Geschwindigkeit der Partikel und die mittlere Distanz zwischen den Zusammenstößen ist.

Bei diesen Rechnungen war Maxwell auf überraschende Lösungen gestoßen. Bei einer bestimmten Temperatur besitzen nicht alle Teilchen dieselbe Geschwindigkeit, sondern sie nehmen eine mathematisch definierte Verteilung an. Bei niedrigen Temperaturen ist der überwiegende Anteil langsam, nur wenige Teilchen sind schnell. Bei hohen Temperaturen besitzen die meisten Teilchen große Geschwindigkeiten, nur wenige niedrige.

Maxwell hatte also einen eindeutigen Zusammenhang zwischen der Temperatur eines Gases oder einer Flüssigkeit und der Geschwindigkeit der Atome oder Moleküle gefunden. Boltzmann ging nun einen Schritt weiter. Er fragte sich, wie sich der Übergang eines Gases von einer Temperatur zur anderen beschreiben lässt. Das Ergebnis war eine mathematisch anspruchsvolle Gleichung. Sie beinhaltete die überraschende Erkenntnis, dass ein Teilchengemisch nach einer gewissen Zeit einen Gleichgewichtszustand erreicht, in dem die Partikel die von Maxwell gefundene Geschwindigkeitsverteilung besitzen, die ausschließlich von der Temperatur abhängt. Diesen Zustand wird ein Gas immer einnehmen, gleichgültig wie die Partikel anfänglich verteilt waren und welchen Bewegungszustand sie besaßen.

Ursache hierfür sind die unzähligen Zusammenstöße zwischen den Teilchen. Jedes Sauerstoffmolekül in der Luft rast bei Zimmertemperatur mit einer mittleren Geschwindigkeit von 1500 Kilometern pro Stunde umher (das ist Überschallgeschwindigkeit) und stößt in jeder Sekunde rund zehn Milliarden Mal mit einem anderen Molekül zusammen. Bei jeder Kollision tauschen die beiden Partner Energie aus, dabei wird der eine etwas langsamer, der andere etwas schneller. Die vielen Kollisionen zwischen den Molekülen bringen das Gas nach einer gewissen Zeit in die Gleichgewichtsverteilung der Geschwindigkeiten, deren mathematische Beschreibung nach Maxwell und Boltzmann benannt wurde. Das Wunderbare an ihr ist ihre fast unbeschränkte Anwendbarkeit auf Gase, Flüssigkeiten und in abgewandelter Form auch auf feste Körper. Sie findet deswegen bis heute Anwendung in vielen Bereichen von der Alltagsphysik bis hin zu kosmischen Vorgängen.

Mit seiner Formel begann Boltzmanns wissenschaftlicher Höhenflug, zugleich ereilte ihn auch noch privates Glück: Er lernte Henriette von Aigentler kennen, die erste Frau, die an der Grazer Universität Mathematik und Physik studierte. Die Universitätsgelehrten waren von diesem feministischen Angriff auf ihre Bastion offenbar so beunruhigt, dass sie umgehend ein Studienverbot für Frauen erließen und Henriette die Hochschule verlassen musste. Sie war Waise und lebte im Haus des Grazer Bürgermeisters. Dessen Sohn schilderte Boltzmann später einmal als »Prototyp eines weltunläufigen Gelehrten, ganz im Reich seiner Wissenschaft und seiner bahnbrechenden Forschung lebend, nebenbei auch Musik mit Vorliebe pflegend«.[10] In der Tat war Boltzmann wohl ein vorzüglicher Pianist, in jungen Jahren hatte er für kurze Zeit sogar Klavierunterricht bei Anton Bruckner erhalten.

Als Boltzmann und Henriette im Sommer 1876 heirateten, hatte Boltzmann ein dreijähriges Intermezzo als Professor für Mathematik an der Universität Wien hinter sich. Er war nach Graz zurückgekehrt, als dort die Professur für Experimentalphysik an dem neuen Physikalischen Institut ausgeschrieben wurde. Bei dieser Bewerbung konnte er sich gegen das physikalische Schwergewicht Ernst Mach durchsetzen.

In den folgenden Jahren erlebte Boltzmann in Graz seinen intellektuellen Zenit. Sein Ziel war es, alle Gesetze der Wärmelehre atomistisch zu deuten. Hierbei widmete er sich einer Größe, die bis dahin eher abstrakt geblieben war: der Entropie. Rudolf Clausius hatte sie 1865 als rein formale Größe eingeführt, wobei der Begriff dem griechischen Ausdruck für Umwandlung entlehnt war. Ihre physikalische Natur war schwer zu fassen, so lässt sie sich nicht direkt messen, wie etwa Masse oder Temperatur. Will man sie ermitteln, so muss man einen Stoff schrittweise erwärmen und die jeweilige Energiezufuhr messen. Das Verhältnis aus Energiezufuhr und Temperatur ergibt die Entropie.

Die Entropie steckt auch hinter einem aus dem Alltag bekannten Phänomen: Wärme geht stets vom warmen zum kalten Körper über, bis sie die gleiche Temperatur besitzen. Nie geschieht das Umgekehrte, dass also der kalte Körper immer wärmer und der warme immer kälter wird. Dieser sogenannte zweite Hauptsatz der Wärmelehre ist somit eng mit der Unterscheidung zwischen umkehrbaren und unumkehrbaren Prozessen verbunden. Ein Beispiel für einen umkehrbaren Vorgang ist das Schwingen eines Uhrenpendels. Würde man es filmen und anschließend den Film rückwärtslaufen lassen, so würde man keinen Unterschied erkennen. Doch bei genauem Hinsehen ist der Pendelschwung nicht exakt umkehrbar. Jedes Pendel verliert durch Reibung Energie und wird deshalb ohne Energiezufuhr beispielsweise durch eine gespannte Feder nicht endlos lange schwingen. Über einen langen Zeitraum hinweg betrachtet, ist also auch dieser Vorgang nicht umkehrbar. Deutlich unumkehrbar ist das Leben: Der Mensch wird immer älter, nie jünger. Hinter all diesen Phänomenen steht die Entropie, deren Wert stets zunimmt. Clausius fasste dies in den Worten zusammen: »Die Entropie der Welt strebt einem Maximum zu.«

Warum dies so ist, war aber unklar. Max Planck, der sich jahrzehntelang mit der Erforschung der Entropie beschäftigte, sagte, die Natur besäße eine größere »Vorliebe« für den unumkehrbaren Fall, und ein Maß für die Größe dieser Vorliebe sei die Entropie. Für Planck war die Entropie neben der Energie das Allerwichtigste in der ganzen Natur. Für Arnold Sommerfeld stand die Entropie sogar noch über der Energie: »In der riesigen Fabrik der Naturprozesse nimmt das Entropieprinzip die Stelle des Direktors ein, denn es schreibt die Art und den Ablauf des ganzen Geschäftsvorgangs vor. Das Energieprinzip spielt nur die Rolle des Buchhalters, indem es Soll und Haben ins Gleichgewicht bringt.«[11] Mit dem Energieprinzip meinte er den ersten Hauptsatz der Wärmelehre, wonach Energie weder erzeugt noch vernichtet werden kann. Es können nur unterschiedliche Energieformen ineinander umgewandelt werden. So wird zum Beispiel beim Verbrennen von Kohle in einem Kraftwerk in mehreren Schritten Wärmeenergie in elektrische Energie, also Strom, umgeformt.

Ludwig Boltzmann gelang es, den unanschaulichen Begriff der Entropie atomphysikalisch zu beschreiben. Er hatte ja herausgefunden, dass ein physikalisches System wegen der unzähligen Zusammenstöße der Atome oder Moleküle seinem Gleichgewichtszustand entgegenstrebt. Fünf Jahre später fand er die Ursache hierfür: Der Gleichgewichtszustand ist statistisch gesehen der wahrscheinlichste aller möglichen Zustände. Die Zahl der Möglichkeiten, ihn zu realisieren, ist von allen denkbaren Zuständen am größten. Ein Beispiel: Denkt man sich etwa tausend Kugeln in einem Karton, so gibt es nur eine begrenzte Zahl an Möglichkeiten, sie so anzuordnen, dass sie alle genau in einer Reihe liegen. Es gibt aber nahezu unendlich viele Möglichkeiten, ein regelloses Muster herzustellen.

Boltzmann selbst veranschaulichte seine Theorie später mit Lottokugeln: »In der Trommel, aus welcher beim Lottospiel die Nummern gezogen und in welcher dieselben gemischt werden, sollen zweierlei Kugeln (weiße und schwarze) ursprünglich geordnet liegen, zum Beispiel oben die weißen, unten die schwarzen. Nun soll durch irgendeine Maschine die Trommel beliebig lange gedreht werden. Niemand wird zweifeln, dass wir es im Verlaufe dieser Drehung mit einem lediglich mechanischen Vorgang zu tun haben, und doch werden dabei die Kugeln immer mehr gemischt werden, das heißt, es wird immer die Tendenz bestehen, dass ihre Verteilung sich in einem bestimmten Sinne (der vollständigen Mischung zueilend) ändert. Gerade so wird die Welt, wenn sie von einem Zustande ausging, in welchem die Anordnung der Atome und ihrer Geschwindigkeiten gewisse Regelmäßigkeiten zeigte, durch die mechanischen Kräfte mit Vorliebe solche Veränderungen erfahren, wobei diese Regelmäßigkeiten zerstört werden.«[12]

Jedes natürliche System tendiert demnach zu größerer Unordnung, weil diese rein statistisch gesehen ungleich häufiger realisierbar ist als ein geordneter Zustand. Lässt man in eine Tasse Kaffee einen Tropfen Milch fallen, so werden sich die Milchteilchen nach einiger Zeit vollständig mit denen des Kaffees vermischen. Aus physikalischer Sicht sprach damals nichts prinzipiell dagegen, dass sich die Milchteilchen irgendwann durch Zufall wieder zu einem Tropfen zusammenfinden würden. Aber diese Anordnung der Milchteilchen ist neben den vielen anderen möglichen so unwahrscheinlich, dass sie selbst in Milliarden von Jahren nicht eintreten wird.

Boltzmann fand einen einfachen mathematischen Zusammenhang zwischen der Wahrscheinlichkeit eines Zustands und dem zugehörigen Wert der Entropie, die entsprechende Gleichung steht in Stein gemeißelt auf seinem Grabstein.

Was Boltzmann klar vor Augen stand, blieb vielen seiner Kollegen lange Zeit unverständlich. Er war damit seiner Zeit voraus. Selbst Planck stand der Boltzmann'schen Physik zunächst skeptisch gegenüber. Erst 1900 musste er ihr zustimmen. Sie ermöglichte es ihm nämlich, ein von ihm gefundenes Strahlungsgesetz theoretisch zu begründen, wofür er 1918 den Physik-Nobelpreis erhielt. Allerdings machte es Boltzmann seinen Kollegen auch nicht gerade leicht. Er war berühmt und berüchtigt für seine übermäßig langen, schwer lesbaren Arbeiten. Maxwell schrieb einmal einem Freund: »Er [Boltzmann] konnte mich nicht wegen meiner Kürze verstehen, und seine Länge war und ist ein Stein des Anstoßes für mich.« Dennoch war es ausgerechnet Maxwell, der Boltzmanns Arbeiten als einer der Ersten richtig einstufte und in England bekannt machte. Boltzmann hatte mit seiner statistischen Deutung der Naturvorgänge der Physik einen völlig neuen Forschungsbereich eröffnet. Der Begriff »Jahrhundertergebnis«,[13] wie ihn ein Biograf verwendete, ist deshalb ebenso wenig übertrieben wie die Behauptung, Boltzmann gehörte zu den bedeutendsten Physikern des 20. Jahrhunderts.

Die Anfangsjahre in Graz zählen zu den glücklichsten in Boltzmanns Leben. Die Familie bewohnte ein ehemaliges Landgut außerhalb der Stadt. Innerhalb von sieben Jahren gebar seine Frau vier Kinder, ein fünftes kam 1891 in München dazu. Kunst war für Boltzmann ein Ausgleich zur Physik, Hausmusik gehörte ebenso zum Ausgleich wie Literatur. Hier verehrte er vor allem Friedrich Schiller. Seine Neigung zu kunstvollen Formulierungen findet sich an vielen Stellen, so zum Beispiel in einem Nachruf auf Kirchhoff und die Schönheit in dessen Abhandlungen: »Schönheit, höre ich Sie da fragen: entfliehen nicht die Grazien, wo Integrale ihre Hälse recken, kann etwas schön sein, wo dem Autor auch zur kleinsten äußeren Ausschmückung die Zeit fehlt? – Doch –; gerade durch diese Einfachheit, durch diese Unentbehrlichkeit jedes Wortes, jedes Buchstabens, jedes Strichelchens kommt der Mathematiker unter all den Künstlern dem Weltenschöpfer am nächsten.«[14] Seine bahnbrechenden Arbeiten machten ihn weltweit bekannt, doch Ende der 1880er Jahre gab es Schicksalsschläge, die Boltzmann stark belasteten. 1889 erlag sein Sohn Ludwig im Alter von elf Jahren einer Blinddarmentzündung, ein Jahr darauf starb seine jüngere Schwester Hedwig in geistiger Umnachtung. Auch an der Universität lief es nicht mehr rund. Boltzmann wurde mit Ämtern überhäuft, die ihn zunehmend beanspruchten. Hinzu kamen lästige Auseinandersetzungen mit Kollegen.

Als er 1888 einen Ruf als Nachfolger des verstorbenen Robert Kirchhoff nach Berlin ablehnte, das damals als das Mekka der Physik galt, waren viele Kollegen überrascht. Über Boltzmanns Absage ist viel gerätselt worden, zumal er anfangs bereits zugesagt hatte. Möglicherweise kam er mit dem autoritären und etwas steifen Helmholtz nicht zurecht. Schließlich erhielt Max Planck den Kirchhoff'schen Lehrstuhl.

Im Jahre 1890 nahm Boltzmann dann doch Abschied von Graz und folgte einem Ruf an die Universität München, wo er sich vor allem mit Maxwells Theorie der Elektrizität und des Lichts auseinandersetzte. Es wurde nur ein kurzes Intermezzo, schon vier Jahre später übernahm er die Professur seines verstorbenen Lehrers Stefan in Wien. Ein Jahr nach seiner Ankunft kam es dann zu dem eingangs geschilderten Disput auf der Lübecker Versammlung der Gesellschaft Deutscher Naturforscher und Ärzte.

Boltzmanns statistische Interpretation von Naturvorgängen hatte nicht nur enorme Auswirkungen auf die Physik, sondern auch auf die Naturphilosophie, die auch Vorgänge in der belebten Natur zumindest zum Teil auf schlichte, mechanistische Prinzipien zurückführte. Boltzmann war sich indes stets im Klaren darüber, dass »die Möglichkeit einer mechanischen Erklärung der ganzen Natur nicht bewiesen, ja, dass wir dieses Ziel vollkommen erreichen werden, kaum denkbar ist«.[15]

Die naturphilosophische Dimension der Boltzmann'schen Physik war auch dafür verantwortlich, dass das Interesse in Lübeck weit über das Fachpublikum hinausging. Wahrscheinlich hatte Ostwalds Vortragstitel ›Die Überwindung des wissenschaftlichen Materialismus‹ die Tagespresse aufhorchen lassen. »Man vermutete eine spiritualistische Wendung«, da in weiten Kreisen »eine große Angst vor der wissenschaftlichen Weltanschauung besteht«,[16] meinte Ostwald. Doch das bezweckte dieser mit seiner Energetiklehre keinesfalls. Ostwald war ein bedeutender Physiker und Chemiker, der ursprünglich selbst die Atomistik vertreten hatte. Doch sein Ziel war es, die Naturvorgänge frei von Hypothesen zu beschreiben, und Atome waren aus seiner Sicht nun einmal hypothetische Gebilde, deren Existenz nicht nachweisbar war. Ursprünglich sah er vier Größen als naturgegeben an: Raum, Zeit, Materie und Energie. Materie aber, so argumentierte er umständlich, ließ sich auch auf Energie zurückführen. »Der Begriff der Energie deckt … die ganze Wirklichkeit, das heißt alles, was wir innerlich und äußerlich erleben. Natürlich mit Einschluss der Materie, denn auch diese kann man energetisch definieren«, schrieb er.[17] Außerdem können wir nur das von der Welt wissen, was wir mit unseren Sinnen wahrnehmen. Dies sei ausschließlich die Energie. In Form von Licht, Schall, Druck oder Wärme regt sie unsere Sinnesorgane an und macht sie erfahrbar.

Nicht ohne Theatralik rief er dem Auditorium in Lübeck zu: »Aber, höre ich hier sagen, wenn uns die Anschauung der bewegten Atome genommen wird, welches Mittel bleibt uns übrig, uns ein Bild von der Wirklichkeit zu machen?«, um gleich zu antworten: »Du sollst dir kein Bildnis oder Gleichnis machen! Unsere Aufgabe ist nicht, die Welt in einem mehr oder weniger gekrümmten Spiegel zu sehen, sondern so unmittelbar, als es die Beschaffenheit unseres Geistes nur irgend erlauben will.«[18] Das war natürlich Boltzmanns Sache gar nicht, er konterte: »Aber sind denn alle menschlichen Gedanken etwas anderes als Bilder der Wirklichkeit? Nur von der Gottheit soll und kann man sich kein Bild machen.«[19] Wolle man sich Ostwalds Argumentation anschließen, so könne nichts existieren, was wir nicht wahrnehmen können, sagte Boltzmann. Das beträfe schließlich auch Lebewesen, die auf Planeten anderer Fixsterne leben, die wir aber nie werden sehen können. Nein, Boltzmann ist sich vollkommen bewusst, dass wir Menschen nicht alles Existierende wahrnehmen können und dass wir uns zur Veranschaulichung Bilder machen müssen. So gesehen liefert seiner Meinung nach die Atomistik ein vollkommen zutreffendes Bild aller Erscheinungen in der Mechanik und der Wärmelehre. Zweifel an der Atomtheorie kamen ihm nie, wie er 1897 in Anspielung auf Galileis Kampf gegen die Kirche um das heliozentrische Weltsystem schrieb: »Doch glaube ich von den Molekülen beruhigt sagen zu können: Und dennoch bewegen sie sich!«[20]

Als guter Naturwissenschaftler war Boltzmann zudem davon überzeugt, dass die Atomtheorie noch erheblich weiter entwickelt werden müsse. So wagte er bereits vier Jahre vor der Lübecker Versammlung Ostwald und Planck gegenüber die These, dass er keinen Grund sehe, nicht auch die Energie als atomistisch eingeteilt zu sehen. Damit nahm er den entscheidenden Gedanken vorweg, mit dem Planck 1900 die Quantenphysik begründete. Und an anderer Stelle vertrat Boltzmann die Ansicht, dass man sich die Zeit in endlich kleine Teile, Zeitatome, zerlegt denken muss. Dieser Gedanke liegt heute einem Ansatz auf dem Weg zu einer umfassenden Theorie der Quantengravitation zugrunde.

Doch die Atomisten attackierten Boltzmann weiter. So beklagte er im Vorwort seines Lehrbuchs über die Gastheorie, dass sich die Angriffe häuften. »Es wäre meines Erachtens ein Schaden für die Wissenschaft, wenn die Gastheorie durch die augenblicklich herrschende feindselige Stimmung zeitweilig in Vergessenheit geriete«, schrieb er und fügte hinzu, es sei ihm bewusst, wie ohnmächtig der Einzelne gegen Zeitströmungen sei. Offenbar befürchtete Boltzmann, dass die Energetiker und Antiatomisten den Sieg davontragen könnten und seine Theorie in Vergessenheit geraten würde. Zudem saß der einflussreichste Vertreter der Atomisten ausgerechnet an seiner Universität in Wien: Ernst Mach.

Das war sicher einer der Gründe, weswegen Boltzmann 1900 einem Ruf an die Universität Leipzig folgte. Obwohl er in Leipzig viele anregende Kollegen traf und bei den Studenten sehr beliebt war, fühlte sich Boltzmann nicht wohl. Seine Kurzsichtigkeit wurde immer schlimmer, hinzu kam ein Asthmaleiden, und vor allem: Er litt zunehmend unter Depressionen. Colleg-Angst nannte es Ostwald später. Boltzmann litt unter der Angst, während der Vorlesung plötzlich nicht mehr weiterzuwissen. Eine schier unglaubliche Vorstellung bei diesem Genie, aber Depressionen sind unberechenbar und können jeden treffen. Boltzmanns Nachfolger Theodor Des Coudres erinnerte sich: »Wer in der Leipziger Zeit den niedergedrückten, den kranken Boltzmann kennengelernt hat, der wird kaum glauben, dass derselbe Mann in gesunden Tagen durch seine sprudelnde Mitteilsamkeit und Schlagfertigkeit, durch seine geistvollen, lustigen Einfälle in jedem geselligen Kreis von Damen und Herren sehr bald Mittelpunkt wurde und die Unterhaltung beherrschte.«[21]

Schon nach zwei Jahren kehrte er nach Wien zurück, wohl auch, weil sein Widersacher Ernst Mach in Ruhestand gegangen war. Boltzmann wurde empfangen wie ein aus dem Exil zurückgekehrter, geliebter Staatsmann. Bei seiner Antrittsvorlesung reichte der Platz in der Aula bei weitem nicht aus, schließlich empfing ihn sogar Kaiser Franz Joseph. In seinen letzten Jahren beschäftigte sich Boltzmann verstärkt mit philosophischen und auch biologischen Fragen. Er selbst nannte seine eigene Einstellung Realismus. Seiner Meinung nach können nur solche philosophischen Gedanken tragfähig sein, die der realen Umwelt angepasst sind. Philosophen des Idealismus, wie Hegel oder Schopenhauer, lehnte er rundweg ab. In seiner kompromisslosen Art nannte er den englischen Idealisten Berkeley den Erfinder der größten Narrheit, die je ein Menschenhirn ausgebrütet hat. Außerdem setzte sich Boltzmann vehement für die Darwin'sche Evolutionstheorie ein. Doch seine Streitbarkeit konnte nicht darüber hinwegtäuschen, dass sich sein Gesundheitszustand zusehends verschlechterte. Seine Sehkraft schwand so stark, dass seine Frau und eine angestellte Mitarbeiterin ihm vorlesen mussten. Asthmaanfälle häuften sich, vor allem aber entkräftete ihn die Depression. Er musste deswegen Vorlesungen ausfallen lassen, wurde schließlich ganz davon entbunden. Seine Frau schrieb ihrer Tochter Ida nach Leipzig, es gehe Boltzmann schlechter und schlechter. »Ich habe mein Vertrauen in die Zukunft verloren.«[22]

Im Sommer 1906 fuhr Boltzmann mit Frau und Tochter zur Erholung nach Duino, einem malerisch gelegenen, damals zu Österreich gehörenden Ort an der Adriaküste. Boltzmann schien die Umgebung und die Ruhe gutzutun, doch hatte er beständige Angst davor, nach Wien zurückzukehren. Am Morgen des 5. September verließen Boltzmanns Ehefrau und ihre Tochter das Hotel. Als sie zurückkehrten, fanden sie ihn erhängt am Fensterkreuz des Hotelzimmers. Inwieweit der Kampf um den Atomismus zu Boltzmanns Depressionen und seinem Suizid beigetragen hat, lässt sich heute nicht mehr entscheiden. Der Siegeszug der Atomtheorie war nicht mehr aufzuhalten. Im Jahre 1908 erkannte auch Ostwald seinen Irrweg und war seitdem von der Existenz der Atome überzeugt, Mach glaubte bis an sein Lebensende nicht an sie.

Albert Einstein im Jahr 1953, © *akg-images.*

Man müsste ein allgemeines, der Natur abgelauschtes Prinzip finden

Einsteins Suche nach der Weltformel

Am Morgen des 18. April 1955 macht sich der Fotoreporter Ralph Morse auf den Weg von New York nach Princeton. Radiostationen haben berichtet, dass Albert Einstein gestorben sei. Der vielleicht größte Gelehrte seiner Zeit, eine Ikone der Wissenschaft hat den Planeten verlassen. Auch wenn kaum jemand versteht, was Einstein in der Physik geleistet hat, ist die Meldung eine Sensation. Morse will mit seiner Kamera die Geschehnisse festhalten.

Als Erstes fährt er zum Princeton Hospital, doch dort herrscht Chaos, wie er später erzählen wird. Journalisten, Fotografen und Schaulustige umlagern das kleine Krankenhaus. Umgehend beschließt er, zum Institute for Advanced Study zu fahren, wo Einstein die letzten zwei Jahrzehnte gearbeitet hat. Auf dem Weg dorthin kauft Morse eine Kiste Scotch. Sie soll ihm helfen, Türen zu öffnen und Zungen zu lösen. In dem aus rotem Backstein erbauten Institut, das sich auf dem Gelände der Universität befindet, stößt er auf den Hausmeister, der ihm nach gutem Zureden und einer Flasche Whiskey die Tür zu Einsteins Büro aufschließt – Zimmernummer 115 auf der Rückseite des Gebäudes. Als Erster und Einziger hat Morse die Gelegenheit, das Büro so zu fotografieren und für die Nachwelt zu bewahren, wie es Einstein verlassen hat.

Der Raum ist klein und schmucklos. Linker Hand ein Regal mit Büchern und Zeitschriften, gegenüber drei Fenster mit Blick ins Grüne. Vor der Rückwand ein schwerer Schreibtisch, übersät mit Zeitschriften, einem Philosophiebuch und einem

Notizblock. Und auf all diesem Durcheinander: Einsteins Pfei-
fe und die Tabaksdose, daneben das Foto einer städtischen Sze-
nerie. An der Rückwand hinter dem Schreibtisch zwei Regale,
auf denen man das Buch ›Atoms in the Family‹ erkennt. Laura
Fermis Schilderung ihres Lebens mit ihrem Mann Enrico.

Zentral hinter dem Schreibtisch hängt eine Tafel, voll mit
Formeln. Einige von ihnen sind umrahmt, mit Pfeilen verbunden. Der Fachmann erkennt Tensorgleichungen, wie sie Einstein in seiner Allgemeinen Relativitätstheorie verwendet hat,
mathematische Symbole, die die Raumkrümmung beschreiben. Doch die Allgemeine Relativitätstheorie hat Einstein bereits 1915 veröffentlicht. Worüber hat das Genie also gegrü-
belt?

In den letzten fast vier Jahrzehnten seines Lebens war er
auf der Suche nach einer einheitlichen Beschreibung der
Schwerkraft und der Elektrizität gewesen. Einstein war fest
davon überzeugt, dass sich beide Naturphänomene und ihre
Kräfte auf eine einzige Theorie zurückführen lassen müssten,
dass sie gewissermaßen nur zwei Seiten von ein und derselben Medaille sind. Noch ein Jahr vor seinem Tod hat er dem
Quantenphysiker Louis de Broglie geschrieben, dass er »zu einem fanatischen Gläubigen der Methode der ›logischen Einfachheit‹«[1] geworden sei. Immer wieder hatte er neue Hoffnung geschöpft, die »Weltformel« gefunden zu haben. Zeitweilig sah er die Lösung in der Möglichkeit, dass die Welt
nicht nur die bekannten drei, sondern vier Raumdimensionen
besitzt. Auf diese Idee hatte ihn der Theoretiker Theodor Kaluza gebracht. Dann befielen ihn wieder Zweifel und er kehrte
zur dreidimensionalen Beschreibung zurück. Letztlich blieben alle Versuche erfolglos. Er war »wie ein Reisender, der
häufig gezwungen ist, sein Transportmittel zu wechseln, um
seinen Bestimmungsort zu erreichen«,[2] schrieb Einsteins Biograf Abraham Pais. Aber: »Er kam niemals an.«

Nicht nur das. Auf seinem Weg ohne Ziel begleiteten ihn
nur wenige Mitstreiter. Die meisten hielten die Forschung für

physikalisch bedeutungslos, wie der stets kritische Wolfgang Pauli einmal sagte, und der brillante Theoretiker Julius Robert Oppenheimer sah in Einstein schlicht einen alten Narren. Doch davon ließ sich Einstein nie beirren, so wie er sich mehr als vierzig Jahre zuvor nicht von der Entwicklung seiner neuen Gravitationstheorie hatte abbringen lassen. Doch anders als damals kam er bei der Vereinheitlichung bis zu seinem Lebensende nicht ans Ziel.

Einstein war weder ein alter Narr noch beschäftigte er sich mit einer bedeutungslosen Frage. Im Gegenteil, er rang mit der tiefgründigsten Frage überhaupt: Können wir die Welt verstehen? Dass er nicht ans Ziel kam, bekümmerte ihn sehr, ist aber aus heutiger Sicht verständlich: Rund um die Welt plagen sich heute noch die klügsten Köpfe mit dem Problem herum, sie sind die Gralsritter der modernen Physik.

Das Institute for Advanced Study richtete für Einstein keine Gedenkstätte ein, was sicher in dessen Sinne war. Nach Einsteins Tod bezog der dänische Astrophysiker Bengt Strömgren sein Büro, das Haus in der Mercer Street 112 bewohnt heute ein Institutsmitglied.

Was bis heute nicht bekannt war: Nicht Einstein selbst hat die Formeln an seine Tafel geschrieben, sondern seine letzte Mitarbeiterin Bruria Kaufman. Das zumindest hat sie bei einem Besuch in Deutschland behauptet.[3]

*

Albert Einsteins Leben begann am Freitag, dem 14. März 1879 um halb zwölf Uhr mittags in der Bahnhofstraße B 135 in Ulm. Das dreistöckige Geburtshaus sollte nur der Beginn einer langen Reihe von Wohnsitzen in seinem zeitweilig sehr umtriebigen Leben sein. Bis zu seiner Emigration in die USA im Jahre 1933 wechselte er über zwanzig Mal sein Domizil.

Vater Hermann war gelernter Kaufmann und zu Beginn der 1870er Jahre als Teilhaber in der Ulmer Bettfedernhandlung seiner Vettern eingestiegen. Mutter Pauline war gebildet, fürsorglich, spielte ausgezeichnet Klavier und sorgte später dafür, dass Sohn Albert Violinunterricht bekam. Die Eltern waren Juden, lebten aber nicht nach den mosaischen Gebräuchen. Man ging nicht in die Synagoge, betete nicht und richtete sich auch nicht nach den Vorschriften des kosheren Essens. Dennoch wurde Albert schon in jungen Jahren mit dem Antisemitismus konfrontiert. Kameraden beschimpften ihn oder traktierten ihn gar mit Fausthieben.

Albert war das erste Kind von Hermann und Pauline Einstein, es folgte 1881 Maria, stets nur Maya oder Maja genannt. Die anfängliche Entwicklung ihres »Albertchen« bereitete den Eltern etwas Sorgen. Mit zweieinhalb Jahren sprach er immer noch kein Wort. Dann aber bildete er plötzlich ganze Sätze, die er doppelt vorbrachte. Offenbar formte er sie zunächst sorgsam im Kopf und sprach sie dann ein erstes Mal zur Probe leise vor sich hin, bevor er sie normal vortrug. Diese Angewohnheit legte er erst im Schulalter ab. Gleichzeitig bewies er eine ungewöhnliche Ausdauer, sei es bei schwierigen Laubsägearbeiten oder beim Bau vierzehnstöckiger Kartenhäuser. Später erinnerte sich Einstein, dass ein Kompass, den ihm der Vater geschenkt hatte, einen tiefen Eindruck hinterlassen hatte. Die beständige Ausrichtung einer Kompassnadel ohne sichtbare äußere Einwirkung verriet ihm, dass »etwas hinter den Dingen sein [musste], das tief verborgen war«.[4]

Albert war in der Grundschule und auch später im Gymnasium ein guter bis sehr guter Schüler. Nur die Autorität der Lehrer und der alltägliche Drill verleidete ihm die Freude am Lernen. »Ich ließ also lieber jede Sorte von Bestrafung über mich ergehen, als dass ich etwas auswendig herplappern lernte«, erinnerte sich Einstein später und resümierte: »Die Lehrer kamen mir in der Elementarschule wie Feldwebel und am Gymnasium wie Leutnants vor.«[5]

Das konnte auf Dauer nicht gutgehen, und tatsächlich kam es Ende des Jahres 1894 – Albert war in der 7. Klasse des Luitpold-Gymnasiums in München – zum Eklat. Der Klassenlehrer hatte wieder einmal wenig Freude an Albert und legte ihm sogar nahe, die Schule zu verlassen. Als der Schüler nach dem Grund fragte, bekam er nur zur Antwort: »Ihre bloße Anwesenheit verdirbt mir den Respekt in der Klasse.«[6] Kurz entschlossen ließ sich Albert vom Hausarzt ein Attest geben und reiste zu seinen Eltern nach Mailand. Nach Mailand deswegen, weil der Vater seine Firma im Juli 1894 liquidieren musste. Mit dem italienischen Vertreter als Geschäftspartner gründete er in Pavia das Elektriziätsunternehmen Einstein, Garrone e.C. Die Familie Einstein zog also zunächst nach Mailand und übersiedelte ein Jahr später nach Pavia. Während Maya ihre Eltern begleitet hatte, war Albert bei Verwandten geblieben.

Als der Junge unverhofft bei den Eltern auftauchte, war das Entsetzen groß. Was tun? Einstein hatte sich bereits für das Polytechnikum in Zürich, kurz Poly genannt, entschieden, fiel aber wegen mangelnder Leistung in den sprachlich-historischen Fächern bei der Aufnahmeprüfung durch. Schließlich kam er in der Kantonsschule in Aarau unter. Diese besaß einen guten Ruf, galt als liberal und wurde von zahlreichen Schülern aus Europa und Übersee als Vorbereitung auf ein Studium besucht.

Nachdem Einstein 1896 die Matura als bester von neun Kandidaten abgelegt hatte, übersiedelte er nach Zürich, wo er sich an der Poly zum Studium einschrieb. Auch als Student konnte er sich nicht so recht dem Diktat des Studienplanes fügen. Zwar war er häufig im Physiklabor, schwänzte aber ebenso gern die Mathematikvorlesungen. Auch mit der Autorität geriet er hin und wieder in Konflikt. So mahnte ihn einmal der Dozent für Elektrotechnik, Heinrich Friedrich Weber, er sei zwar ein gescheiter Junge, habe aber einen großen Fehler: Er lasse sich nichts sagen. Dafür studierte Einstein zu Hause die Meister der theoretischen Physik »mit heiligem Eifer«, insbesondere Maxwells Theorie elektromagnetischer Felder: »Es war wie eine Offenbarung.«[7]

Einstein war ein eher ruhiger Vertreter der Studentenschaft, Exzesse gab es nicht. Seine Semesterzeugnisse wiesen durchweg 4¼ bis 6 von 6 möglichen Punkten auf. Bemerkenswert ist lediglich eine 1, also die schlechteste Note, im Physikalischen Praktikum für Anfänger. Der Grund hierfür war eine Auseinandersetzung mit dem Praktikumsleiter Jean Pernet, der seinem Studenten vorwarf, er habe wohl keinen Begriff davon, wie schwierig der Lehrgang der Physik sei. »Warum studieren Sie nicht lieber Medizin, Juristerei oder Philologie?« Darauf Einstein: »Weil mir dazu erst recht die Begabung fehlt.« Das brachte dem aufmüpfigen Studenten einen »Verweis durch den Direktor wegen Unfleiß«[8] ein.

Im Sommer 1900 erlangte er das Diplom als Fachlehrer in Mathematik und Physik. Mit 4,91 von sechs möglichen Punkten hatte er zwar einen guten Abschluss erzielt, aber die erhoffte Anstellung als wissenschaftlicher Assistent an der Poly blieb ihm versagt. Auch Anfragen an zahlreichen Instituten in Holland, Deutschland und Italien blieben erfolglos. Die meisten der angeschriebenen Professoren antworteten gar nicht.

Neben der persönlichen Enttäuschung und Perspektivlosigkeit tat sich noch ein weiteres Problem auf. Einstein hatte während des Studiums die einzige weibliche Studentin kennengelernt, Mileva Maric. Sie war in dem Dorf Kac als Kind einer serbischen Bauernfamilie zur Welt gekommen und in Neusatz, heute Novi Sad, aufgewachsen. Damals gehörte dieses Gebiet der Wojwodina zur k.u.k.-Monarchie Österreich-Ungarn. Mileva hatte sich sofort in ihren »Johonzel« verliebt – und der sich in sie. Als sie in der Diplomprüfung durchfiel, standen beide vor dem Nichts.

Im April 1901 wurde Mileva auch noch schwanger, so dass Einstein umgehend eine Stelle brauchte. Zunächst ging er als Privatlehrer nach Schaffhausen. Zwar fühlte er sich dort sehr unwohl, weil er keine privaten Kontakte knüpfen konnte und zudem immer wieder in Streit mit seinem Auftraggeber geriet. Ein Gutes hatte sein Aufenthalt in der Stadt am Rhein den-

noch: Er fand viel Zeit für private Studien. Mit zwei Veröffentlichungen in der Fachzeitschrift ›Annalen der Physik‹ wagte er
sogar einen Vorstoß, eine Dissertation anzufertigen. Ende November 1901 meldete er sich hierfür an der Universität Zürich
an. Der dortige Professor Kleiner lehnte ihn jedoch ab.

Im Januar 1902 kam es zum endgültigen Bruch mit seinem
Arbeitgeber in Schaffhausen. Einstein kündigte vorzeitig die
auf ein Jahr festgesetzte Stelle und reiste umgehend »mit
Knalleffekt« ab, just in dem Monat, in dem Mileva ihr erstes
Kind gebar.

Dieses Lieserl, wie sie es liebevoll nannten, umgibt ein Geheimnis. Mileva reiste erst gegen Ende des Jahres zu ihrem
Mann, der mittlerweile in Bern lebte, allerdings ohne das
Kind. Nachdem die beiden geheiratet hatten, blieb für Einstein nur noch »die Frage, wie wir unser Lieserl zu uns nehmen könnten; ich möchte nicht, dass wir es aus der Hand geben müssen«,[9] schrieb er seinem Studienfreund Marcel Grossmann. Genau dies scheint dann aber doch passiert zu sein.
Vermutlich wurde es zur Adoption freigegeben. Trotz mehrfa-
cher Recherchen konnte es nicht ausfindig gemacht werden.

Finanzielle Gründe können wohl nicht für die Freigabe des
Kindes verantwortlich gewesen sein, denn Einstein hatte bereits eine Stelle am Berner Patentamt in Aussicht. Als er sie im
Juni 1903 antrat, war er überfroh, endlich eine Arbeit gefunden zu haben. Einem Freund schrieb er: »Ich bin ehrwürdiger
eidgenössischer Tintenscheisser mit ordentlichem Gehalt.«
Offenbar gefiel ihm die Arbeit, da »sie ungemein abwechs-
lungsreich ist und viel zu denken gibt«.[10]

Das hinderte ihn aber nicht im Geringsten daran, sich nebenbei mit theoretischen Problemen der Physik zu beschäftigen. Schon kurz nach seiner Ankunft in Bern hatte er eine Art
Debattierklub gegründet, die Akademie Olympia. Am Abend
traf er sich mit dem rumänischen Philosophiestudenten Mau-
rice Solovine und seinem ehemaligen Studienfreund Conrad
Habicht aus Aarau, der in Bern Mathematik studierte. Dann

lasen sie Werke von Mach, Hume, Poincaré und vielen anderen und diskutierten bis spät in die Nacht hinein, während sich der Raum mit immer dichter werdendem, erstickendem Tabakqualm füllte.

Neben den acht Stunden im Amt gab es »acht Stunden Allotria und noch einen Sonntag«,[11] wie er einmal an Habicht schrieb. Mit Allotria waren die Akademie und das Eigenstudium der Physik gemeint. Seit seinen Züricher Studientagen spukten nämlich in seinem Kopf einige ungelöste Probleme herum, die ihm keine Ruhe ließen. Die diskutierte er auch mit Michele Besso, einem Ingenieur, den er in seiner Züricher Zeit kennengelernt hatte und der nun sein Kollege am Patentamt war: Einen besseren Resonanzboden hätte er in ganz Europa nicht finden können, sagte er einmal über ihn.

Ab 1901 veröffentlichte Einstein in den ›Annalen‹ mehrere Schriften zu Problemen der klassischen, statistischen Mechanik, doch das waren nur leichte Handübungen im Vergleich zu dem, was er im Jahr 1905 ablieferte. Mit äußerster Intensität arbeitete er in jeder verfügbaren Stunde an mehreren Fragen gleichzeitig. Zwischen März und September reichte er bei den ›Annalen der Physik‹ vier Arbeiten ein. Diese revolutionären Schriften tauchten praktisch aus dem Nichts auf, niemand kannte den Technischen Assistenten vom Berner Patentamt. Man spricht deswegen heute von Einsteins Wunderjahr, dem *annus mirabilis*. Der Quantenphysiker Paul Dirac sagte später einmal, Einstein habe für jede dieser Veröffentlichungen den Nobelpreis verdient.

In der einen Veröffentlichung führte Einstein eine Idee von Max Planck aus dem Jahre 1900 weiter und gelangte zur Lichtquanten-Hypothese. Demnach war Licht keine reine Wellenerscheinung, sondern konnte auch als ein Strom von Teilchen (Photonen) aufgefasst werden – eine alte Newton'sche Idee, die die Physiker aber später verworfen hatten. Einstein verwies jedoch auf Experimente, die sich nur damit erklären ließen, dass Licht aus Energiequanten besteht. Mit diesem Gedanken war er dem Welle-Teilchen-Dualismus auf der Spur, der erst in den 1920er Jahren in der modernen Quantentheorie seine Erklärung fand. Danach kann ein Photon sowohl Welle als auch Teilchen sein. Wie es in Erscheinung tritt, hängt von der Art des Experiments ab. Für diese Arbeit sollte Einstein 16 Jahre später den Physik-Nobelpreis erhalten.

In der zweiten Abhandlung setzte sich Einstein mit dem regellosen Hin und Her von Teilchen auseinander, wie man es bei der Brown'schen Bewegung beobachtet. Das Besondere an dieser Arbeit bestand darin, dass man aus der mikroskopischen Bewegung dieser Teilchen die Größe der unsichtbaren Atome beziehungsweise Moleküle ausrechnen konnte – und das in einer Zeit, in der längst nicht alle Forscher von der Existenz von Atomen überzeugt waren. Ludwig Boltzmanns Kampf um die Atomtheorie ist ein beredtes Zeugnis dieser Kontroverse.

Weltberühmt wurde Einstein für die dreißigseitige Abhandlung ›Zur Elektrodynamik bewegter Körper‹, die am 30. Juni bei der Redaktion der ›Annalen‹ einging. In dieser Arbeit, heute als Spezielle Relativitätstheorie bekannt, räumte er mit überkommenem Gedankengut auf und revolutionierte die Vorstellung von Raum und Zeit. Heute werden die ersten Freiexemplare der Veröffentlichung, die Einstein an Freunde und Kollegen verschickte, hoch gehandelt. Band 17 der ›Annalen‹, in dem die Arbeit erschien, wird in den Bibliotheken wegen Diebstahlgefahr verschlossen aufbewahrt.

Einstein schätzte später den Zeitraum zwischen der Konzeption der Idee der Speziellen Relativitätstheorie und der Fertigstellung der betreffenden Publikation auf fünf bis sechs Wochen. Die Grundprobleme waren ihm jedoch bereits seit seiner Jugend durch den Kopf gegangen. 1899 hatte er Mileva aus Zürich geschrieben: »Es wird mir immer mehr zur Überzeugung, dass die Elektrodynamik bewegter Körper, wie sie sich gegenwärtig darstellt, nicht der Wirklichkeit entspricht«, und zwei Jahre später aus Schaffhausen: »Ich arbeite eifrigst an einer Elektrodynamik bewegter Körper, welches eine kapitale Abhandlung zu werden verspricht. Ich habe Dir geschrieben, dass ich an der Richtigkeit der Ideen über die Relativbewegung zweifle.«[12] Worin bestand das Problem der Relativbewegung?

Die Physik basierte damals vor allem auf zwei Theorien: Auf der einen Seite beschrieb Newtons Physik seit dem 17. Jahrhundert die Bewegung von Körpern und die auf sie einwirkenden Kräfte. Auf der anderen Seite hatte James Clerk Maxwell im 19. Jahrhundert eine umfassende Theorie entwickelt, mit der sich alle elektrischen und magnetischen Vorgänge und Kräfte sowie das Licht beschreiben ließ.

Einstein war auf einen Widerspruch zwischen diesen beiden Theorien gestoßen. Der tauchte auf, wenn man physikalische Vorgänge in Systemen betrachtete, die sich relativ zueinander bewegen.

In der Newton'schen Mechanik gilt das eherne Grundgesetz, dass alle Systeme, die sich mit gleichförmiger, konstanter Geschwindigkeit bewegen, gleichberechtigt sind. Ob man sich in einem Haus, einem fahrenden Zug oder einem fliegenden Flugzeug befindet, hat keinerlei Einfluss auf die mechanischen Gesetze: In allen drei Systemen fällt ein Stein senkrecht nach unten.

Gleichzeitig sind Geschwindigkeiten relativ, wie bekannte Beispiele aus dem Alltag zeigen. Fahren zwei Autos auf einer Landstraße mit jeweils hundert Kilometer pro Stunde aufeinander zu, wird ein Polizist am Straßenrand jeweils genau diese Geschwindigkeit mit dem Radargerät messen. Wäre eines der beiden Autos selbst von der Polizei und ebenfalls mit einem Radar ausgerüstet, so würde dieses eine Geschwindigkeit von 200 Kilometern pro Stunde messen: Geschwindigkeiten addieren sich also und lassen sich immer nur relativ zu einem bestimmten Standort oder Messsystem angeben.

Was für die mechanischen Gesetze in Autos und Zügen gilt, müsste für elektromagnetische Vorgänge ebenso gelten, meinte man. Genau das aber traf für die Maxwell'schen Gleichungen nicht zu. Sie änderten sich, wenn man sie einmal mit der Geschwindigkeit null und ein anderes Mal mit hundert Kilometern pro Stunde berechnete, und sie ließen sich nicht durch die einfache Geschwindigkeitsaddition ineinander umrechnen. Das war ein grundlegendes Problem: Maxwell und Newton passten nicht zusammen.

Darüber hinaus hatten zwei Physiker in den USA, der deutschstämmige Albert Abraham Michelson und Edward Morley, 1887 ein raffiniertes Experiment angestellt, in dem sie die Lichtgeschwindigkeit bestimmt hatten. Ihre Apparatur war so angeordnet, dass sie die Geschwindigkeit bezüglich verschiedener Bewegungsrichtungen relativ zum Lichtstrahl messen konnten. Erstaunlicherweise schien das Licht immer dieselbe Geschwindigkeit von rund 300 000 Kilometern pro Sekunde zu haben, egal, wie sich der Lichtstrahl relativ zur Apparatur bewegte. Das Additionsgesetz der Geschwindigkeiten gilt demnach zumindest beim Licht nicht.

Dies war nun ein offensichtlicher Widerspruch, der durchaus bekannt war. Einige Physiker meinten, das Michelson-Morley-Experiment damit erklären zu können, dass sich die Messapparatur in Bewegungsrichtung verkürze. Der holländische Physiker Hendrik Antoon Lorentz konnte sogar eine Formel für den Schrumpfungsgrad angeben. Er versuchte also, das Problem im Rahmen der klassischen Physik zu erklären, was stets unbefriedigend blieb. Erst der Technische Experte zweiter Klasse in Bern, Albert Einstein, sollte den Gordischen Knoten durchschlagen. Die kühne Lösung hieß: Newton hatte unrecht.

Der entscheidende Schritt bestand in der Erkenntnis, dass die Lichtgeschwindigkeit immer 300 000 Kilometer pro Sekunde beträgt, egal, von welchem System aus man sie misst. Das führte zu dem Schluss, dass sich Geschwindigkeiten nicht so einfach addieren, wie wir es aus dem Alltag kennen. Vielmehr muss man eine etwas kompliziertere Formel zur Berechnung der Relativgeschwindigkeiten verwenden: Im Alltag, wo alle

Geschwindigkeiten sehr viel kleiner sind als die des Lichts, ist der Unterschied unmessbar klein, je mehr man sich aber der Lichtgeschwindigkeit nähert, umso größer sind die Abweichungen von der einfachen Addition. Mit der neuen Umrechnungsformel blieben nun vor allem auch Maxwells Gesetze unverändert.

Dieser Eingriff in das Fundament der klassischen Physik brachte das gesamte Gebäude zum Schwanken, denn er hatte einen ganz entscheidenden Einfluss auf die Vorstellung von Raum und Zeit. Nach Newton waren sie starre, von allen äußerlichen Bedingungen unabhängige Gegebenheiten der Natur, die im gesamten Universum gleich waren. Sie bildeten gewissermaßen die Bühne, auf der sich das Welttheater abspielte. Nach Einsteins Theorie hingegen vergeht die Zeit unterschiedlich schnell. In einem sich schnell bewegenden Raumschiff vergeht die Zeit langsamer als in einem langsamen. Dies hat nichts mit einem etwaigen Einfluss auf die Mechanik von Uhren zu tun, sondern ist eine Eigenschaft der Zeit. Sie wirkt sich auf alle natürlichen Vorgänge aus, auch auf das Altern menschlicher Zellen. Ein schnell fliegender Astronaut altert demnach langsamer als ein Mensch auf der Erde. Schließlich förderte Einsteins Theorie ein weiteres interessantes Detail zu Tage: Es ist nicht möglich, die Lichtgeschwindigkeit zu erreichen oder gar zu übertreffen. Dafür wäre unendlich viel Energie nötig.

Im September 1905 reichte Einstein noch eine Arbeit ein, in der er die Erkenntnisse der Speziellen Relativitätstheorie auf den Energieinhalt eines Körpers anwendete. Die Schlussfolgerung war die wohl berühmteste Formel der Weltgeschichte: $E = mc^2$. Sie besagt, dass die Energie E eines Körpers und seine Masse m ineinander umwandelbar sind. Sie sind gewissermaßen zwei unterschiedliche Erscheinungsformen von ein und derselben physikalischen Größe. Der Umrechnungsfaktor ist die Lichtgeschwindigkeit c zum Quadrat. Die wahre Sprengkraft dieser Formel offenbarte sich 1945 im doppelten

Sinn des Wortes, als Atombomben über Hiroshima und Nagasaki explodierten. Ihre enorme Zerstörungskraft beruht auf der Umwandlung von Materie in Energie.

Last but not least veröffentlichte Einstein eine weitere Arbeit, in der er sich auf ähnlichem Terrain bewegte wie bei jener über die Brown'sche Bewegung. Hierin beschrieb er, wie sich mit einem einfachen Experiment – etwa indem man eine Substanz in Wasser löst – die Molekülgröße dieser Substanz berechnen lässt. Diese Publikation reichte er bei seinem alten Bekannten Alfred Kleiner an der Universität Zürich zur Promotion ein. Und siehe da: Binnen kürzester Frist wurde sie angenommen. Vier Jahre nach dem ersten Anlauf verlieh man Einstein endlich den ersehnten Doktortitel.

Ein halbes Jahr musste vergehen, bevor eine erste Reaktion auf die Spezielle Relativitätstheorie erfolgte. Sie kam von Max Planck, der sich begeistert zeigte. Er erkannte als Erster die »kopernikanische Tat«, wie er sie nannte, und sorgte für eine rasche Verbreitung unter den Kollegen. Max Laue schrieb er, diese Theorie übertreffe »an Kühnheit wohl alles, was bisher in der spekulativen Naturforschung, ja in der philosophischen Erkenntnistheorie geleistet wurde«.[13] Als einen Treppenwitz in der Geschichte bezeichnete der Würzburger Physiker Jakob Laub den Umstand, dass der neue Kopernikus nach wie vor jeden Morgen ins Patentamt trotten musste, um seinen Lebensunterhalt zu verdienen.

Nachdem sich Einstein 1908 auch erfolgreich an der Universität Bern habilitiert hatte, erhielt er endlich im darauf folgenden Jahr eine außerordentliche Professur an der Universität Zürich – vier Jahre nach seinem Wunderjahr.

Neben seiner Lehrtätigkeit verbrachte Einstein seine Freizeit jedoch schon wieder mit einem neuen Problem: der Schwerkraft. In der Newton'schen Physik kann man sie sich sehr bildhaft gesprochen wie die Zugkraft eines zwischen zwei Körpern gespannten Gummibandes vorstellen. Hierbei ist die Kraftwirkung beispielsweise eines Sterns ohne Zeitverzögerung an jedem anderen verbundenen Ort im Universum. Das widersprach einem Gesetz der Speziellen Relativitätstheorie, wonach sich keine Information schneller als Licht ausbreiten kann. Was Einstein aber insbesondere störte, war die völlig unterschiedliche Beschreibung der Schwerkraft und der elektrischen und magnetischen Kräfte in Maxwells Theorie. Hierin breiteten sie sich in Form einer elektromagnetischen Welle mit Lichtgeschwindigkeit aus. Maxwell war also im Einklang mit Einsteins Theorie, Newton nicht.

Dies bewog Einstein dazu, eine neue Theorie der Schwerkraft, auch Gravitation genannt, zu entwickeln. Maxwells Feldtheorie diente ihm dabei als Leitgedanke: Auch die Gravitation sollte sich als Feld beschreiben lassen.

Der entscheidende Gedanke war Einstein schon 1907 gekommen. »Ich saß auf meinem Stuhl im Patentamt in Bern. Plötzlich hatte ich einen Einfall: Wenn sich eine Person im freien Fall befindet, wird sie ihr eigenes Gewicht nicht spüren. Ich war verblüfft. Dieses einfache Gedankenexperiment machte auf mich einen tiefen Eindruck. Es führte mich zu einer Theorie der Gravitation«,[14] erinnerte er sich später.

Einstein faszinierte die Vorstellung, dass die Schwerkraft im freien Fall, in dem sich ein Körper beschleunigt bewegt, aufgehoben ist. Das war absolut nicht neu, aber es bedurfte eines kritischen Geistes, um dessen gesamte Tragweite zu erkennen. Die Auswirkungen einer Beschleunigung lassen sich nicht vom Einfluss der Schwerkraft unterscheiden. Wenn ein Mensch in einem rundum geschlossenen Kasten steht, so kann er nicht entscheiden, ob er auf dem Erdboden ruht und die Schwerkraft ihn nach unten zieht oder ob der Kasten ein Raumschiff ist, das sich stark beschleunigt nach oben bewegt und ihn deshalb auf den Boden drückt. (Einstein kannte natürlich noch keine Raumschiffe, aber dieses Gedankenexperiment veranschaulicht die Situation sehr gut.)

Dieses Äquivalenzprinzip erklärt die schon lange vor Einstein bekannte Übereinstimmung von schwerer und träger

Masse: Beide sind grundsätzlich ununterscheidbar. Konsequent zu Ende gedacht führt es zu Erkenntnissen, die der Allgemeinen Relativitätstheorie zu Grunde liegen. Hierzu ein weiteres Gedankenexperiment. In einem Raumschiff laufe ein Lichtstrahl parallel zum Boden von einer Wand zur anderen. Fliegt die Rakete *mit gleichbleibender Geschwindigkeit*, so bildet der Lichtstrahl eine gerade Linie, denn ein gleichmäßig fliegendes Raumschiff ist von einem ruhenden nicht zu unterscheiden.

Nun zünden die Triebwerke: Während der Lichtstrahl die Kabine durchquert, schießt die Rakete *beschleunigt* nach oben. Als Folge davon trifft der Strahl etwas weiter unterhalb auf die Wand als zuvor, weil sich die Rakete zwischen dem Aussenden und Eintreffen des Strahls beschleunigt bewegt hat. Aus der Sicht eines mitfliegenden Astronauten legt das Licht eine gekrümmte Strecke zurück. Nach dem Äquivalenzprinzip sind physikalische Effekte bei beschleunigter Bewegung und Schwerkraft aber ununterscheidbar. Einsteins Überlegung zufolge muss deshalb auch ein Lichtstrahl von der Schwerkraft verbogen werden.

Diesem Grundgedanken musste Einstein nun eine mathematische Form geben. Dabei wurde ihm klar, dass die Geometrie des Raumes dafür eine tiefe physikalische Bedeutung hatte. Es erschien ihm immer klarer, dass der Raum in der Umgebung von Materie irgendwie »verbogen« sein musste, immer klarer wurde ihm aber auch, dass seine Mathematikkenntnisse nicht ausreichten, um einen gekrümmten dreidimensionalen Raum zu beschreiben.

Den Schlüssel zur Lösung dieses Problems lieferte sein ehemaliger Studienfreund Marcel Grossmann, der an der ETH Zürich eine Professur innehatte. Der machte ihn auf Arbeiten des Mathematikers Bernhard Riemann aufmerksam, die gekrümmte Räume in beliebig vielen Dimensionen beschrieben. Einstein war wie elektrisiert: Das war genau das, was er brauchte.

»Ich beschäftige mich jetzt ausschließlich mit dem Gravitationsproblem … das eine ist sicher, dass ich mich im Leben noch nicht annähernd so geplagt habe und dass ich grosse Hochachtung für die Mathematik eingeflösst bekommen habe, die ich bis jetzt in ihren subtileren Teilen in meiner Einfalt für puren Luxus ansah«,[15] schrieb er einem Freund. Die Kollegen sahen Einsteins zunehmende Isolierung indes eher mit Schrecken. Viel lieber hätten sie es gesehen, wenn er sie bei den anstehenden Problemen der neuen Quantenphysik unterstützt hätte. Arnold Sommerfeld schrieb an David Hilbert in Göttingen bedauernd: »Einstein steckt offenbar so tief in der Gravitation, dass er für alles andere taub ist.«[16] So war es auch. Das änderte sich auch nicht, als ihn Max Planck warnte: »Als alter Freund muss ich Ihnen davon abraten, weil Sie einerseits nicht durchkommen werden; und wenn Sie durchkommen, wird Ihnen niemand glauben.« Alle Physiker waren damals mit der Newton'schen Theorie der Schwerkraft zufrieden und sahen keinen Grund, sie zu stürzen. Einstein interessierte das nicht.

Hartnäckig suchte er nach Lösungswegen, verwarf alte, suchte neue. Im Mai 1913 wähnte er sich »nach unendlicher Mühe und quälenden Zweifeln« am Ziel. Doch wieder kam der Jubel zu früh, erneut hatte er das Ziel verfehlt. Die Arbeit ging weiter, wobei er sich einen exzessiven Lebensstil angewöhnte: »Rauchen wie ein Schlot, arbeiten wie ein Ross, essen ohne Überlegung und Auswahl, spazieren gehen *nur* in wirklich angenehmer Gesellschaft, also leider selten, schlafen unregelmäßig etc.«[17]

Und dann passierte etwas sehr Eigenartiges. Im Frühjahr 1913 notierte er in ein wissenschaftliches Notizbuch einige Gleichungen, die, wie wir heute wissen, richtig waren. Einstein aber verwarf sie einige Seiten später wieder, weil er einen Rechenfehler beging. Er hatte also bereits den umwölkten Gipfel erreicht, war aber irrigerweise wieder ins Tal abgestiegen. Es sollte noch zwei Jahre dauern, bis ihm sein Irrtum bewusst wurde.

Zuvor stand ihm jedoch ein erneuter Umzug ins Haus. Max Planck hatte erwirkt, dass Einstein nach Berlin an die Preußische Akademie der Wissenschaften berufen wurde. Damit hatte er den Olymp der Physik erklommen. Seinem Freund Jakob Laub schrieb er gewohnt ironisch: »Ostern gehe ich nämlich nach Berlin als Akademiemensch ohne irgendeine Verpflichtung, quasi als lebendige Mumie. Ich freue mich auf diesen schwierigen Beruf!«[18]

In Berlin grübelte er weiter über die Gravitation nach. Im Mai 1915 glaubte er, sein Ziel erreicht zu haben, doch im Oktober musste er deprimiert feststellen, dass seine bisherigen Feldgleichungen der Gravitation fehlerhaft waren. Als er die Ursachen seiner bisherigen Irrtümer erkannt hatte, nahm er sich noch einmal die in Zürich gefundenen Gleichungen vor. Plötzlich wurde ihm bewusst, dass er dem Ziel ganz nahe sein musste. Bis zum November arbeitete er fieberhaft, und dann ging es Schlag auf Schlag.

Auf der wöchentlich stattfindenden Plenarsitzung der altehrwürdigen Preußischen Akademie der Wissenschaften hielt er am 4. November 1915 einen Vortrag, in dem er ein neues Gesetz für die Krümmung der Raumzeit vortrug. Doch wieder fand er Fehler, so dass er in der darauf folgenden Woche, am 11. November, eine überarbeitete Version vorstellte. Am 18. führte er vor, dass seine Theorie ein altes Problem der Astronomen erklären konnte. Kein Wunder, dass Einstein »einige Tage fassungslos vor Glück« war, doch wieder fand er einen Fehler. Am 25. November 1915 setzte er aber doch den Schlussstrich unter eine acht Jahre währende Suche. Nach einer Folge von Irrungen und Wirrungen teilte er dem staunenden Publikum der Preußischen Akademie mit, dass »damit endlich die Allgemeine Relativitätstheorie als logisches Gebäude abgeschlossen« war.

In der Allgemeinen Relativitätstheorie gab es keine Schwer-*kraft* mehr, sondern nur noch eine gekrümmte Raumzeit. Schwerkraft ist eine Folge der Geometrie der Raumzeit. Jeder

Körper krümmt den Raum um sich herum wie einen Trichter. Alle anderen Körper und auch Licht müssen dieser Krümmung folgen, ähnlich wie Kugeln in eine Schüssel hineinlaufen. Während man früher sagte: Die Erde zieht den Apfel an, so dass er zu Boden fällt, so musste man nun sagen: Der Apfel fällt zu Boden, weil die Erde den Raum um sich krümmt und der Apfel in diesem Raum einer gekrümmten Bahn folgen muss, die sich dem Erdboden »zuneigt«. Und der Mond läuft deshalb um die Erde, weil die Raumkrümmung ihn auf seiner Bahn hält. Im »Gravitationstrichter« der Erde ist er gefangen wie ein Hamster im Laufrad.

Raum und Zeit waren damit keine starren Kulissen mehr, vor denen sich das Weltgeschehen abspielt, sondern dynamische Gebilde, die von der Materie verformt werden. In einem gekrümmten Raum gilt auch nicht mehr die Euklidische Geometrie. Man kann sich zum Beispiel ein aus drei Lichtstrahlen aufgespanntes Dreieck im Raum vorstellen. Nach Euklid beträgt die Winkelsumme darin genau 180 Grad. In Einsteins Theorie des gekrümmten Raumes ist dies anders. Hier besitzt das Dreieck in der Nähe eines Himmelskörpers eine Winkelsumme von mehr als 180 Grad. Außerdem ist dort bei einem Kreis das Verhältnis von Umfang zu Durchmesser kleiner als π.

Einsteins Gravitationstheorie gehorcht auch den Gesetzen der Speziellen Relativitätstheorie. So breitet sich ein Gravitationsfeld mit Lichtgeschwindigkeit aus. Beschleunigte Massen erzeugen sogar – analog zu beschleunigten, elektrisch geladenen Körpern – Wellen. Diese Gravitationswellen durcheilen den Raum ebenfalls mit Lichtgeschwindigkeit und stauchen und dehnen die Raumzeit lokal für wenige Tausendstelsekunden.

Aber nicht nur der Raum, sondern auch die Zeit ist von der Gravitation betroffen. In einem starken Gravitationsfeld vergeht die Zeit langsamer als in einem schwachen. Einfach gesagt: Eine Uhr an der Nordsee läuft langsamer als auf dem Himalaja, weil die Gravitation mit wachsendem Abstand vom

Erdmittelpunkt abnimmt. Raum und Zeit waren wie schon in der Speziellen Relativitätstheorie zu einer vierdimensionalen Raumzeit verschweißt.

Einstein schwärmte von einer Theorie »von unvergleichlicher Schönheit«[19] und von dem wertvollsten Fund, den er in seinem Leben gemacht habe. Auf den ganz großen Ruhm musste er allerdings noch bis zum Jahre 1919 warten. Da nämlich rüstete der englische Astrophysiker Sir Arthur Eddington zwei Expeditionen zur Insel Principe im Golf von Guinea und nach Sobral in Brasilien aus, wo sich eine totale Sonnenfinsternis ereignen sollte. Eddington wollte die von Einstein vorausgesagte Ablenkung des Lichts ferner Sterne im Gravitationsfeld der Sonne messen. Als er am 6. November 1919 vor der Royal Society und der Royal Astronomical Society vortrug, er habe den vorausgesagten Effekt tatsächlich gemessen, war es um Einstein geschehen. Große Tageszeitungen in Europa und den USA feierten den »neuen Newton«, und sogar das britische Unterhaus befasste sich mit dem Thema, das durchaus auch eine politische Dimension besaß. Ein Jahr nach Ende des Ersten Weltkrieges hatten ausgerechnet britische Forscher die Theorie eines Wissenschaftlers aus dem verhassten Deutschland bestätigt.

Von einem Tag zum anderen war Einstein zu einer Größe der Weltgeschichte geworden, bei dem jeder »Piepser zum Trompetensolo«[20] wurde und der angesichts der wachsenden Postberge Alpträume bekam. Während er auf dem Höhepunkt seines Ruhms angekommen war, hatte er auf privater Seite eine schwere Zeit hinter sich gebracht. Die Ehe mit Mileva war zerbrochen und hatte Anfang 1919 mit der Scheidung ihr Ende gefunden. Die beiden Söhne Hans Albert und Eduard blieben bei der Mutter. Für deren Versorgung nutzte Einstein das Preisgeld des Physik-Nobelpreises, den er 1922 rückwirkend für das Jahr 1921 erhielt.

Einstein hatte sich jedoch schon 1912 in seine Cousine Elsa verliebt, die er im Sommer 1919 heiratete. In diesem Jahr war

Einstein zum ersten »Popstar« der Naturwissenschaften geworden, er war überall ein gern gesehener Gast, seine Vortragsreisen entwickelten sich zu Kassenschlagern. Insbesondere in den USA wurde Einstein unter frenetischem Jubel großer Menschenmengen willkommen geheißen.

Eines seiner Betätigungsfelder war die Quantenphysik. Ihre Erfolge erkannte er an, aber er blieb stets der Meinung, dass diese revolutionäre Beschreibung des Mikrokosmos nicht vollständig sei. Insbesondere die Tatsache, dass man beispielsweise den Aufenthaltsort und die Bewegung von Atomen nicht mehr exakt bestimmen, sondern nur noch Aufenthaltswahrscheinlichkeiten angeben konnte, widersprach vollkommen seinem physikalischen Weltbild. Mit seinem berühmten Bonmot »Gott würfelt nicht« brachte er dies zum Ausdruck. Zeitgleich zu seinen Beiträgen zur Quantenphysik beschäftigte sich Einstein immer wieder mit Anwendungen der Allgemeinen Relativitätstheorie auf kosmische Phänomene wie Gravitationslinsen und Gravitationswellen. Auch die heutige Vorstellung eines in einem Urknall entstandenen, expandierenden Universums basiert auf der Allgemeinen Relativitätstheorie.

Parallel zu all diesen Entwicklungen zog sich jedoch ein einziges bedeutendes Thema beständig wie ein roter Faden durch Einsteins Denken: die Suche nach einer einheitlichen Beschreibung von Gravitation und Elektromagnetismus. Für ihn war dies die logische Fortsetzung seines bisherigen Schaffens, mit dem er sein Lebenswerk krönen wollte. »Ich glaube, man müsste – um wirklich vorwärtszukommen – wieder ein allgemeines, der Natur abgelauschtes Prinzip finden«, schrieb er 1922 dem Mathematiker Hermann Weyl.[21]

Die Vereinheitlichung der Naturbeschreibung, das Zusammenführen von scheinbar unterschiedlichen Phänomenen, ist nicht Einsteins Erfindung. Im Grunde begann sie schon in der Antike und wurde vor allem ab der Renaissance konsequent fortgeführt. Newton führte die im Sonnensystem wirkenden Kräfte und die mechanischen Kräfte im irdischen Geschehen in seiner Mechanik zusammen. In der ersten Hälfte des 19. Jahrhunderts entdeckten Wissenschaftler wie Hans Christian Ørsted, Michael Faraday und André-Marie Ampère Zusammenhänge zwischen Elektrizität und Magnetismus. Der schon mehrfach erwähnte und von Einstein verehrte Maxwell führte 1873 alle entdeckten Phänomene auf grandiose Weise in einer einheitlichen Theorie zusammen. Letztlich gelang es ihm sogar, das Licht in seine elektromagnetische Theorie zu integrieren. Ludwig Boltzmann – selbst ein physikalisches Schwergewicht ersten Ranges – beeindruckte Maxwells Theorie derart, dass er fragte: »War es ein Gott, der diese Zeichen schrieb?«

In Einsteins Allgemeiner Relativitätstheorie war die Schwerkraft nichts anderes als das Feld der gekrümmten Raumzeit. Damit ähnelte die theoretische Beschreibung der Gravitation derjenigen von Maxwells Theorie des elektromagnetischen Feldes. Einstein sah deshalb das Tor geöffnet zu einer gemeinsamen Beschreibung beider Fundamentalkräfte im Rahmen einer einheitlichen Feldtheorie. Gemeinsam war beiden, dass sich elektromagnetische und Gravitationswellen mit derselben Geschwindigkeit ausbreiten, nämlich mit der des Lichts. Es gab aber auch entscheidende Unterschiede: Der gravierendste besteht darin, dass sich bei Maxwell die elektromagnetischen Felder in der alten Newton'schen Auffassung von Raum und Zeit bewegen, während bei Einstein Raum und Zeit selbst zum dynamischen Feld geworden waren. Kein Wunder also, dass sich Einstein und die kleine Gruppe von Mitstreitern auf ein physikalisch und mathematisch äußerst anspruchsvolles Terrain begaben – in dem sich letztlich alle verirrten.

Tatsächlich dachte Einstein schon vor Beendigung der Allgemeinen Relativitätstheorie darüber nach, »eine Brücke zwischen Gravitation und Elektromagnetik zu schlagen«,[22] wie er 1915 dem Göttinger Mathematiker David Hilbert schrieb. Es war aber nicht Einstein selbst, der den ersten Versuch einer vereinheitlichten Feldtheorie vorstellte, sondern der Mathematiker Hermann Weyl. Am 1. März 1918 schickte er Einstein seine Arbeit mit der Bitte, diese der Akademie der Wissenschaften vorzulegen. Weyl glaubte, »Elektrizität und Gravitation aus einer gemeinsamen Quelle«[23] hergeleitet zu haben. In der ersten Reaktion zeigte sich Einstein begeistert und sprach von einem Geniestreich ersten Ranges. Doch dann stieß er auf ein grundlegendes Problem, was ihn am 8. April zu dem kuriosen Kommentar veranlasste: »Abgesehen von der Übereinstimmung mit der Wirklichkeit ist es jedenfalls eine grandiose Leistung des Gedankens.«[24]

Einstein hatte herausgefunden, dass in Weyls Theorie die Länge von Maßstäben und die Ganggeschwindigkeiten von Uhren von ihrer Vorgeschichte abhingen. Konkret hätte das bedeutet: Synchronisiert man zwei Uhren und bewegt diese auf unterschiedlichen Wegen durch ein Gravitationsfeld, so werden sie beim Zusammentreffen möglicherweise unterschiedliche Zeiten anzeigen. Am selben Ort angekommen, müssen sie dann aber natürlich mit derselben Geschwindigkeit weiterlaufen. Nach Weyls Theorie wäre dies nicht so gewesen. Ebenso würden zwei irgendwie geartete Maßstäbe, die anfangs gleich lang sind, nach dem unabhängigen Transport durch ein Gravitationsfeld beim Zusammentreffen unterschiedlich lang sein. Auch das durfte natürlich nicht sein. Einstein widerlegte Weyls Theorie mit dem physikalisch stichhaltigen Argument, dass die atomaren Spektrallinien eines Elements, beispielsweise Wasserstoff, abhängig von ihrem zurückgelegten Weg unterschiedliche Wellenlängen besitzen müssten, was ganz offensichtlich nicht der Fall ist. Alle Wasserstoffatome sind in ihren Eigenschaften identisch. Nachdem Weyl seine Theorie auch in einem Lehrbuch veröffentlicht hatte, schrieb Einstein seinem Freund Paul Ehrenfest, dass »dieser, allerdings sehr geistreiche, Unfug seinen Weg in die Gehirne nehmen wird«, tröstete sich aber damit, »dass das Sieb der Zeit seine Arbeit auch an dieser Stelle thun wird«.[25]

Doch Weyl ließ sich nicht überzeugen: »Meine Geometrie ist die wahre Naturgeometrie«, schrieb er Einstein. »Behalten

Sie für die wirkliche Welt recht, so bedaure ich, den lieben Gott einer mathematischen Inkonsequenz zeihen zu müssen.«[26] Weyl feilte weiter an seiner Theorie und veröffentlichte Ende der 1920er Jahre eine veränderte Version. Auch sie brachte nicht die erhoffte einheitliche Feldtheorie, fand aber später als mathematische Methode Eingang in die moderne Quantenfeldtheorie. Während Weyl versuchte, elektromagnetisches und Gravitationsfeld einheitlich zu beschreiben, ging Einstein noch weiter. Schließlich gibt es nicht nur Felder, sondern auch Körper und Teilchen wie Elektronen. Im April 1919 hielt er vor der Akademie der Wissenschaften einen Vortrag, in dem er aufzeigte, wie man die Materie aus Gravitationsfeld und elektromagnetischem Feld konstruieren kann. Doch dieser Weg führte, wie er bald merkte, nicht zum Ziel.

Im April 1919 erhielt er Post von dem Privatdozenten für Mathematik an der Universität Königsberg, Theodor Kaluza. Dieser unterbreitete ihm eine Arbeit, die das Vereinheitlichungsproblem mit einem aufregenden, radikal neuen Ansatz lösen sollte: die Erweiterung der Welt um eine Dimension.

Wir leben in einer dreidimensionalen Welt (Länge, Breite, Höhe). Da der Lauf der Zeit von den Vorgängen im Raum abhängt, wird sie in der Relativitätstheorie als vierte Dimension miteinbezogen. Kaluza hatte nun den drei Raumdimensionen eine vierte hinzugefügt und so zusammen mit der Zeit eine fünfdimensionale Theorie entwickelt. Zwar war ihm klar, dass unsere Erfahrung keinerlei Hinweise auf die Existenz einer vierten Raumdimension liefert, aber als Mathematiker fühlte er sich frei, diese einfach anzunehmen.

Kaluza fügte nun zu Einsteins vierdimensionalen Gravitationsgleichungen eine elektromagnetische Größe aus Maxwells Theorie als fünfte Dimension hinzu. Damit hatte er beide Theorien in einer einzigen Form vereinigt. Was uns in unserer vierdimensionalen Welt als zwei unterschiedliche Felder oder Kräfte erscheint, ist in der »wirklichen« fünfdimensionalen Welt nur ein einziges Urfeld.

Man kann sich das so ähnlich vorstellen wie die Projektion eines räumlichen, dreidimensionalen Körpers auf eine zweidimensionale Fläche. Nehmen wir als Beispiel eine Pyramide. Wird diese von der Seite beleuchtet, so erscheint ihr Schatten als Dreieck, befindet sich die Lichtquelle über oder unter ihr, so ist der Schatten ein Quadrat. Zweidimensionale Wesen, die ausschließlich in dieser Projektionsfläche leben, würden zwei unterschiedliche Objekte wahrnehmen. Ein dreidimensionales Wesen wie wir erkennt jedoch, dass es sich nur um zwei unterschiedliche Ansichten (Projektionen) von ein und demselben Körper handelt. In gewisser Weise fühlt man sich an Platons Höhlengleichnis erinnert, in dem Menschen die hinter ihnen befindliche Realität nur als Schattenwurf auf der Höhlenwand erkennen. Bleibt die Frage: Warum nehmen wir die zusätzliche Raumdimension nicht wahr?

Kaluza konstruierte seine Theorie so, dass diese fünfte Dimension auf kleinster räumlicher Skala zylinderförmig aufgerollt war. Man kann sich das ähnlich vorstellen wie einen Schlauch, den man aus großer Entfernung beobachtet. Der eigentlich zweidimensionale Querschnitt erscheint uns dann als eindimensionale Linie.

Einstein gefiel Kaluzas Arbeit außerordentlich, insbesondere bewunderte er deren inhaltliche Geschlossenheit. Er wollte sie eingehend prüfen und gegebenenfalls der Akademie zur Veröffentlichung vorschlagen. Einstein ging Kaluzas Arbeit Schritt für Schritt durch – und stieß dabei zunehmend auf Probleme. So ergaben sich unrealistische Werte für elektrische Ladungen und Kräfte, vor allem aber störte sich Einstein in immer größeren Maße an der speziellen, zylinderförmigen Geometrie der fünften Dimension, was eine unangenehme Asymmetrie in das ganze Gebäude brachte. Dennoch bescheinigte er Kaluza »großen Respekt vor der Schönheit und Kühnheit«[27] der Gedanken. Letztlich überwogen jedoch die Bedenken, so dass er Kaluzas Arbeit der Akademie nicht zur Veröffentlichung vorschlug.

Zwei Jahre lang herrschte Schweigen, bis sich Einstein urplötzlich mit einer Karte bei Kaluza meldete und ihm vorschlug, dessen Arbeit nun doch der Akademie vorzulegen. Die genauen Beweggründe sind nicht bekannt, jedenfalls schrieb er ihm: »Ihr Gedanke ist wirklich bestrickend. Irgendetwas Wahres muss dran sein.«[28] In diesem Brief wies er Kaluza auch auf ein zentrales Problem hin, über das er sich zusammen mit seinem Assistenten, dem russischen Mathematiker Jakob Grommer, Gedanken gemacht hatte: Wie lassen sich Teilchen in eine reine Feldtheorie einfügen? Schließlich war seit der Entdeckung der Formel $E = mc^2$ klar, dass man Materie als ungeheure Verdichtung von Energie auffassen kann. War also ein materielles Teilchen nichts weiter als eine Verdichtung des Gravitationsfeldes und die elektrische Ladung des Elektrons eine »Verklumpung« des elektromagnetischen Feldes? Wie musste eine Theorie beschaffen sein, in der sich diese Zusammenballung aus den Feldern auf natürliche Weise ergab? Einstein sah hierin ein ganz neues philosophisches Weltbild: »Ein durch die Luft geworfener Stein ist in diesem Sinne ein veränderliches Feld, bei dem die Stelle mit der größten Feldintensität sich mit der Fluggeschwindigkeit des Steines durch den Raum bewegt. In einer solch neuen Physik wäre kein Raum mehr für beides: Feld *und* Materie; das Feld wäre als das einzig Reale anzusehen.«[29]

Kaluzas Idee des fünfdimensionalen Raumes hatte Einstein trotz ihrer Unzulänglichkeiten schwer beeindruckt. Er arbeitete sie weiter aus und veröffentlichte teilweise zusammen mit Jakob Grommer in den kommenden Jahren insgesamt acht Abhandlungen dazu. In der ersten Arbeit, die 1923 erschien, machte Einstein deutlich, dass die Vereinheitlichung von Gravitation und Elektromagnetismus zur wichtigsten Frage geworden sei. Er sah seine Gravitationstheorie als Durchgangsstadium zu einer übergeordneten Physik an.

In den kommenden Jahren beschäftigte sich Einstein immer wieder mit der fünfdimensionalen Vereinheitlichung, doch zwischenzeitlich verfolgte er zwei andere Fährten. Auf die erste hatte ihn Arthur Eddington gebracht, jener britische Physiker, der 1919 die erfolgreichen Expeditionen zur Beobachtung der Sonnenfinsternis organisiert hatte. Eddington hatte sich an Hermann Weyls Arbeit orientiert und diese ausgebaut. Während der notorische Kritiker Wolfgang Pauli die Idee für bedeutungslos hielt, war Einstein der Meinung, dass »der Gedanke zu Ende gedacht werden muss«.[30] Doch so einfach und zielführend wie von Einstein erhofft ging das wieder nicht. Ernüchtert schrieb er Weyl: »Aber darüber [der einheitlichen Feldtheorie] steht das marmorne Lächeln der unerbittlichen Natur, die uns mehr Sehnsucht als Geist verliehen hat.«[31] Nach zweijähriger Arbeit kam Einstein 1925 zu dem Schluss, dass Eddingtons Theorie keinen Fortschritt der physikalischen Erkenntnis brachte. Wieder einmal ließen sich keine Teilchen in der Theorie darstellen, wieder war er in eine Sackgasse geraten.

Das hinderte ihn natürlich keineswegs daran, weiterzumachen. Im Juni 1925 schrieb er seinem alten Freund Michele Besso: »Ich bin fest überzeugt, dass die ganze Gedankenreihe Weyl-Eddington-Schouten zu nichts physikalisch Brauchbarem führt, und habe jetzt eine andere Spur gefunden, die mehr physikalisch fundiert ist.«[32] (Jan Arnoldus Schouten war ein holländischer Mathematiker, der Beiträge zu Weyls Theorie geleistet hatte.) Tatsächlich war Einstein von seiner neuen Spur so begeistert, dass er 1925 vor der Akademie der Wissenschaften berichtete, er glaube, nach unablässigem Suchen in den letzten zwei Jahren die wahre Lösung gefunden zu haben. Doch die Begeisterung währte nicht lange. Schon wenige Wochen nach der Veröffentlichung gestand er Paul Ehrenfest in einem Brief ein: »Meine Arbeit ... taugt nichts.«[33]

Einstein war also wieder einmal auf dem Holzweg gewesen, als er Mitte 1926 von einer Weiterentwicklung von Kaluzas Theorie erfuhr. Der schwedische Physiker Oskar Klein, ein Schüler von Niels Bohr, hatte sich mit ihr befasst und unter Aspekten der Quantenphysik erweitert. Dies hatte zur Folge, dass die fünfte Dimension nicht mehr zylinderförmig, sondern in sich aufgerollt zum Ring wurde. Klein glaubte, mit dieser Theorie nicht nur die Synthese von Gravitation und Elektromagnetismus, sondern auch die Ursache für die Quantennatur der Teilchen entdeckt zu haben. Einstein sprang auf diesen Zug auf und veröffentlichte dazu zwei Arbeiten, schwankte aber im Wochentakt zwischen Begeisterung und Ernüchterung. Im September 1926 fand er die Theorie »zu unnatürlich«, während er fünf Monate später davon überzeugt war, die Vereinigung sei »vollständig befriedigend gelöst«.[34] Noch im Januar 1928 schrieb er Paul Ehrenfest:»Lang lebe die fünfte Dimension«,[35] doch schon ein halbes Jahr später tauchten neue Schwierigkeiten auf. Die fünfte Dimension blieb den meisten Physikern suspekt. Es gab keine Hinweise auf ihre Existenz, und die Theorie machte auch keine experimentell überprüfbaren Vorhersagen. Gerade das hatte Einstein aber immer gefordert, und in der Hinsicht waren seine beiden Relativitätstheorien vorbildlich.

Einstein hatte sich immer weiter von seinem physikalischen Denken entfernt und sich mehr und mehr auf rein mathematische Lösungswege begeben. Schon in seinem Nobelvortrag 1923 sagte er:»Leider können wir uns bei der Bemühung nicht auf empirische Fakten stützen wie bei der Ableitung der Gravitationstheorie (Gleichheit der trägen und schweren Masse), sondern wir sind auf das Kriterium der mathematischen Einfachheit beschränkt, das von Willkür nicht frei ist.«[36] Auf diesem mathematischen Weg gelangte er 1928 zu einer völlig neuen Theorie, dem »Fernparallelismus«. Darin kehrte er zur gewohnten vierdimensionalen Beschreibung zurück. Allerdings war die Raumzeit nun – anders als in der Allgemeinen Relativitätstheorie – nicht gekrümmt, sondern flach. Die Schwerkraft steckte in einer Verdrehung der Raumzeit. In dieser Darstellung waren zwei beliebige Verbindungen zwischen zwei Punkten absolut parallel zueinander. Daher der Name Fernparallelismus.

Wieder wähnte sich Einstein auf dem richtigen Weg, und dieses Mal eilte ihm der vermeintliche Durchbruch bereits voraus. Anfang November 1928 berichtete die ›New York Times‹, Einstein sei vor einer großen Entdeckung, wolle aber nicht ungelegte Eier begackern. Am 30. Januar legte er die Eier: In den Sitzungsberichten der Preußischen Akademie der Wissenschaften erschien die Arbeit ›Zur einheitlichen Feldtheorie‹.

Die Wirkung war phänomenal: Innerhalb von drei Tagen waren tausend Sonderdrucke ausverkauft, Eddington teilte ihm aus London mit, dass das Kaufhaus ›Selfridge‹ die sechs Seiten in die Auslage gebracht hatte, damit die Kunden sie lesen konnten: »Große Menschenmengen drängen sich dort!«[37] Ein gekonnter Marketinggag, denn verstanden hat mit Sicherheit niemand die Formeln. Einstein war von dem Rummel so genervt, dass er sich für einige Wochen auf den Landsitz seines Freundes Janos Plesch zurückzog.

Doch er blieb begeistert auf seinem Weg: In den Jahren 1929 und 1930 veröffentlichte er zusammen mit seinem neuen Assistenten, dem Mathematiker Walther Mayer, mindestens neun Arbeiten zu diesem Thema, auch in populären Aufsätzen äußerte er sich dazu, ohne freilich den Versuch zu unternehmen, die komplizierte Mathematik des Fernparallelismus anschaulich zu erklären. Einsteins Kollegen waren indes sehr skeptisch bis ablehnend, sie reagierten »fast alle sauer auf die Theorie«, wie er Mayer am Neujahrstag 1930 schrieb. Weyl beispielsweise sprach von einer künstlichen Geometrie. Absolut vernichtend äußerte sich wieder einmal Wolfgang Pauli: »Einstein scheint der liebe Gott jetzt völlig verlassen zu haben«, schrieb er Paul Ehrenfest, und zu Pascual Jordan sagte er: »Mit einem solchen Kohl kann man nur amerikanischen Journalisten imponieren, nicht einmal amerikanischen Physikern, geschweige denn europäischen Physikern.« Außerdem klagte er, Einstein liefere »in letzter Zeit durchschnittlich etwa eine solche Theorie pro Jahr« ab, die er jedes Mal als definitive Lösung ansehen würde. »So könnte man ausrufen ›Die neue Feldtheorie Einsteins ist tot. Es lebe die neue Feldtheorie Einsteins!‹«[38] Pauli prophezeite Einstein, dieser werde den Fernparallelismus binnen eines Jahres aufgeben. Damit sollte er nicht ganz recht behalten. Einstein gab nach zwei Jahren auf. Im Januar 1932 schrieb er Pauli: »Sie haben also recht gehabt, Sie Spitzbube.«[39]

Doch auch davon ließ sich Einstein nicht entmutigen. Frohgemut griff er noch einmal die Kaluza-Klein-Theorie auf, reduzierte sie aber von fünf auf vier Dimensionen und vermeldete Paul Ehrenfest, das Problem sei – mal wieder – endgültig gelöst. Zusammen mit Mayer veröffentlichte er zwei Arbeiten. Diese lösten jedoch gar kein Problem und blieben folgenlos.

Während sich Einstein in der Forschung frei bewegen konnte, braute sich in Berlin eine Front gegen ihn zusammen, er geriet immer stärker unter Beschuss der Antisemiten, die seine Wissenschaft als »jüdische Physik« diffamierten. Nach der Machtergreifung der Nationalsozialisten im Januar 1933 entschied Einstein, der sich gerade auf einer Vortragsreise in den USA befand, nicht mehr in sein Heimatland zurückzukehren. Er erhielt eine großzügig dotierte Stelle an dem neu gegründeten Princeton Institute for Advanced Study, das er später einmal als »drolliges zeremonielles Krähwinkel winziger stelzbeiniger Halbgötter«[40] bezeichnete.

Noch einmal ging er das Problem der Vereinheitlichung an, dieses Mal unterstützt von den beiden deutschen Emigranten Peter Bergmann und Valentin Bargmann. Ausgangspunkt war erneut die Kaluza-Klein-Theorie in der ursprünglichen fünfdimensionalen Version. Das Neue bestand darin, dass Einstein Erkenntnisse der Quantenphysik, insbesondere die Heisenberg'sche Unschärferelation, miteinbringen wollte. Wieder schöpfte er Hoffnung. Weihnachten 1938 schrieb er an Michele Besso, er habe nach zwanzigjährigem Suchen eine aussichtsreiche Feldtheorie gefunden. Doch auch diese Hoffnung wurde enttäuscht. 1942 gab er das fünfdimensionale Konzept auf. Dieses Mal für immer.

Stattdessen widmete er sich ab 1945 noch einmal mit Hingabe einer Variante aus dem Jahr 1925, die im Wesentlichen auf seiner Allgemeinen Relativitätstheorie beruhte. Unterstützt wurde er von dem deutschen Emigranten Ernst Straus und Bruria Kaufman. Immer wieder verfolgten sie Varianten ihrer Theorie und suchten nach Lösungen, doch alle Versuche verliefen im Sande. Ein Jahr vor seinem Tod war Einstein so desillusioniert, dass er Michele Besso schrieb: »Ich betrachte es aber als durchaus möglich, dass die Physik nicht auf den Feldbegriff gegründet werden kann … Dann bleibt von meinem ganzen Luftschlossinklusive der Gravitationstheorie nichts bestehen.«[41] So schlimm sollte es nicht kommen. Einsteins Gravitationstheorie steht bis heute unangefochten da und bildet eines der Fundamente der Physik. Ihre Vereinigung mit dem elektromagnetischen Feld und den heute bekannten Kernkräften, schwache und starke Kraft, steht aber nach wie vor aus.

Als Einstein am 18. April 1955 starb, verglich Pascual Jordan Einstein in seiner Suche nach der einheitlichen Feldtheorie mit einem »Bergsteiger, der nach Erreichung des höchsten Bergesgipfels [der Gravitationstheorie] nun weiter in die leere Luft hinaufzusteigen versucht«.[42]

Es blieb anderen Physikern überlassen, Einsteins begonnenes Werk fortzusetzen. Dabei gelangte man zunächst zu der Erkenntnis, dass neben der elektromagnetischen und der Schwerkraft noch zwei weitere Kräfte in der Natur herrschen: die schwache und starke Kraft im Innern der Atomkerne. In den 1970er Jahren gelang es den Theoretikern Sheldon Glashow, Abdus Salam und Steven Weinberg, den Elektromagnetismus und die schwache Kraft auf eine gemeinsame Kraft zurückzuführen. Hierfür wurden sie 1979 mit dem Physik-Nobelpreis geehrt. Kurz darauf gelang es Forschern um Carlo Rubbia und Simon van der Meer, mit einem Beschleuniger am europäischen Teilchenlabor CERN in Genf zwei von dieser Theorie vorhergesagte Elementarteilchen nachzuweisen. Dafür erhielten sie 1984 die begehrte Ehrung. Das waren die letzten greifbaren Erfolge auf dem Weg zur »logischen Einfachheit«.

Heute ist die Vereinheitlichung von Gravitation und Quantentheorie so etwas wie der Heilige Gral der Physik. Die Stringtheorie erscheint als ein möglicher Weg dorthin. Sie soll nicht nur wie bei Einstein zwei Naturkräfte vereinen, sondern alle vier. Deshalb benötigt sie auch mehr Raumdimensionen. Stringtheoretiker rechnen mit neun Raumdimensionen, womit die alte Idee von Kaluza, Klein und Einstein wieder ins Spiel gekommen ist. Es werden auch andere Wege zu einer möglichen Quantengravitation begangen. Welcher zum Ziel führen wird und bis wann das der Fall sein könnte, ist völlig offen. Theoretiker hoffen, dass diese Quantengravitation als Mutter aller Theorien Antworten auf fundamentale Fragen geben kann: Was geht im Inneren von Schwarzen Löchern vor, und vor allem: Wie kam es zum Urknall?

Literatur und Anmerkungen

Philipp Reis

Literatur
J. Koppenhöfer, Als Philipp Reis das Telefon erfand, Geiger-Verlag, Horb 1998.
H. Pieper, Philipp Reis und die Erfindung des Telephons durch Alexander Graham Bell, Technikgeschichte, Bd. 44 (4), 1977.
C. Reinländer, Die Entstehung des Telephons, Jahrbuch des elektrischen Fernmeldewesens, 12. Jg., 1960/61.
S. P. Thompson, Philipp Reis, Erfinder des Telephons, in: Archiv für Deutsche Postgeschichte, 1963, Heft 1.

Philipp-Reis-Museum
www.friedrichsdorf.de/lebeninfriedrichsdorf/unserestadt/geschichte/philippreis/philippreis.php

Zitate
[1] Thompson, S. 47.
[2] Koppenhöfer, S. 42.
[3] ebenda, S. 45.
[4] Thompson, S. 22.
[5] Koppenhöfer, S. 36.
[6] Thompson, S. 22.
[7] ebenda, S. 45.
[8] Thompson, S. 31.
[9] ebenda, S. 35.
[10] www.ecopolis.org/antonio-meucci-is-the-original-inventor-of-the-electrical-telephone-1808-2008
[11] Pieper, S. 287.
[12] Koppenhöfer, S. 61.
[13] hnn.us/articles/802.html
[14] Reinländer, S. 61.

Charles Babbage

Literatur
C. Babbage, Passagen aus einem Philosophenleben, Kadmos Verlag, Berlin 1997.
B. Dotzler (Hrsg.), Babbages Rechen-Automaten, Springer Verlag, Wien 1996.
A. Hyman, Charles Babbage, 1791–1871, Klett-Cotta, Stuttgart 1987.
E. E. Kim, B. A. Toole, Ada und der erste Computer, Spektrum der Wissenschaft, 1999, 7, 80.
D. Stein, Ada – die Braut der Wissenschaft, Kadmos Verlag, Berlin 1999.
D. D. Swade, Spektrum der Wissenschaft, 1993, 4, 78.
B. Woolley, Byrons Tochter, Aufbau Taschenbuch Verlag, Berlin 2005.

Computer History Museum in Mountain View
www.computerhistory.org/babbage
Universität von Exeter
projects.exeter.ac.uk/babbage
National Science Foundation
ei.cs.vt.edu/~history/Babbage.html
Wissenschaftsmuseum London
www.sciencemuseum.org.uk/onlinestuff/stories/babbage.aspx
www.sciencemuseum.org.uk/images/I033/10303307.aspx
Meccano Computing Machinery
meccano.us/difference_engines/
Charles Babbage: The Ninth Bridgewater Treatis
darwin-online.org.uk/content/frameset?itemID = A25&viewtype = text& pageseq = 1

Videos
Videos auf Youtube.com unter dem Stichwort Charles Babbage

Zitate
[1] D. Stein, S. 53.
[2] ebenda.
[3] A. Hyman, S. 199.
[4] C. Babbage, S. 14.
[5] ebenda, S. 141.
[6] ebenda, S. 142.
[7] ebenda, S. 20.
[8] A. Hyman, S. 39.
[9] ebenda, S. 53.
[10] ebenda, S. 55.
[11] C. Babbage, S. 30.

[12] A. Hyman, S. 80.
[13] C. Babbage, S. 45.
[14] A. Hyman, S. 85.
[15] ebenda, S. 204.
[16] ebenda, S. 207.
[17] C. Babbage, S. 45.
[18] D. Stein, S. 106.
[19] B. Dotzler, S. 335.
[20] ebenda, S. 332.
[21] C. Babbage, S. 320.
[22] A. Hyman, S. 359.
[23] D. D. Swade.

Nikola Tesla

Literatur
M. Cheney, Nikola Tesla – Erfinder, Magier, Prophet, Omega-Verlag, Düsseldorf 1995.
M. Krause, Wie Nikola Tesla das 20. Jahrhundert erfand, Wiley-VCH, Weinheim 2010.
J. O'Neill, Tesla, Verlag Zweitausendeins, Frankfurt 1997.
N. Tesla, Seine Werke, 6 Bde., Michaels-Verlag, Peiting 1997.
Bd. 1: Hochfrequenzexperimente
Bd. 2: Meine Erfindungen – die Tesla Autobiographie
Bd. 3: Wechselstrom und Hochfrequenztechnologie
Bd. 4: Energieübertragung und Radiotechnik
Bd. 5: Wegbereiter einer neuen Medizin
Bd. 6: Waffentechnologie – Theorien und verschiedene Artikel
N. Tesla, Colorado Springs Aufzeichnungen, Michaels-Verlag, Peiting 2008.
N. Tesla, Seine Patente, Michaels-Verlag, Peiting 2000.

Nikola-Tesla-Museum
www.tesla-museum.org

Zitate
[1] O'Neill, S. 229.
[2] ebenda, S. 234.
[3] ebenda, S. 226.
[4] N. Tesla, Bd. 4, S. 138.
[5] ebenda, S. 141.
[6] ebenda, S. 144.
[7] M. Krause, S. 40.
[8] ebenda, S. 60.

[9] ebenda, S. 63.
[10] ebenda, S. 33.
[11] ebenda, S. 97.
[12] M. Cheney, S. 19f.
[13] N. Tesla, Bd. 4, S. 50.
[14] ebenda, S. 62.
[15] ebenda, S. 77.
[16] ebenda, S. 81.
[17] M. Krause, S. 259.
[18] N. Tesla, Bd. 4, S. 155.
[19] ebenda, S. 57.
[20] ebenda, S. 49.

Alfred Wegener

Literatur

A. H. Anderson, Die Drift der Kontinente, Brockhaus, Wiesbaden 1974.

A. V. Carozzi, The Reaction in Continental Europe to Wegener's Theory of Continental Drift, Hist. of Earth Sciences Soc. 1985, Bd. 4, 122.

H. Closs, P. Giese, V. Jacobshagen, Alfred Wegeners Kontinentalverschiebung aus heutiger Sicht, in: Ozeane und Kontinente, Spektrum der Wissenschaft, Verständliche Forschung, Heidelberg 1986.

W. R. Eckardt, Die klimatischen Verhältnisse der geologischen Vergangenheit im Lichte von Alfred Wegeners Hypothese der Kontinentalverschiebungen, Die Naturwissenschaften 1925, Bd. 13, Heft 5, S. 84.

W. Kertz, Wegeners »Kontinentverschiebungen« zu seiner Zeit und heute, Geologische Rundschau 1981, S. 15.

R. Krause, J. Thiede (Hrsg.), Kontinental-Verschiebungen – Originalnotizen und Literaturauszüge, Ber. Polarforsch. Meeresforsch. 2005, Bd. 516.

C. Reinke-Kunze, Alfred Wegener, Birkhäuser, Basel 1994.

M. Schwarzbach, Alfred Wegener und die Drift der Kontinente, Wissenschaftliche Verlagsgesellschaft, Stuttgart 1989.

D. und M. Tarling, Kontinental-Drift, Gebrüder Bornträger, Berlin 1985.

E. Wegener, Alfred Wegener – Tagebücher, Briefe, Erinnerungen, Brockhaus, Wiesbaden 1960.

A. Wegener, Die Entstehung der Kontinente, Geologische Rundschau 1912, S. 276.

A. Wegener, Die Entstehung der Kontinente und Ozeane, Gebr. Borntraeger, Berlin 2005.

U. Wutzler, Der Forscher von der Friedrichsgracht, Brockhaus Leipzig 1988.

Alfred Wegener-Museum
www.alfred-wegener-museum.de

Zitate
[1] Alle Zitate des Vortrags aus A. Wegener, 1912.
[2] E. Wegener, S. 75.
[3] ebenda, S. 76.
[4] ebenda.
[5] C. Reinke-Kunze, S. 19.
[6] E. Wegener, S. 16.
[7] ebenda, S. 32.
[8] ebenda, S. 36.
[9] ebenda, S. 38.
[10] ebenda, S. 75.
[11] H. Closs et al., S. 42
[12] A. Wegener 1912, S. 280.
[13] ebenda, S. 292.
[14] Alle Zitate in diesem Absatz aus E. Wegener, S. 96.
[15] ebenda, S. 110.
[16] ebenda, S. 126.
[17] ebenda, S. 130.
[18] A. Wegener 2005, S. 82.
[19] W. Kertz, S. 24.
[20] E. Wegener, S. 164f.
[21] W. R. Eckardt, S. 88.
[22] R. Krause, J. Thiede, S. 27, 161, 163.
[23] ebenda, S. 35, 329.
[24] A. Wegener 2005, S. 221f.
[25] C. Reinke-Kunze, S. 133.
[26] E. Wegener, S. 250.
[27] C. Reinke-Kunze, S. 135.

Otto Lilienthal

Literatur
O. Lilienthal, Der Vogelflug als Grundlage der Fliegekunst, Berlin 1889;
    hier zitiert aus dem Nachdruck: Die Bibliophilen Taschenbücher Bd.
    360, Harenberg Edition, Dortmund 1982.
O. Lilienthal, 100 Jahre Menschenflug – ausgewählte Beiträge, Verlag
    Bernard und Graefe, Bonn 1995.
O. Lilienthal, Über meine Flugversuche 1889-1896. Ausgewählte Schrif-
    ten, VDI-Verlag, Düsseldorf 1987.
M. Runge, B. Lukasch, Erfinderleben, Berlin Verlag, Berlin 2005.
W. Schwipps, Lilienthal, arani-Verlag, Berlin 1979.
G. Wissmann, Geschichte der Luftfahrt von Ikarus bis zur Gegenwart,
    VEB Verlag Technik, 6. Aufl., Berlin 1982.

Otto-Lilienthal-Museum
www.lilienthal-museum.de

Zitate
[1] W. Schwipps, S. 384.
[2] ebenda, S. 306.
[3] ebenda, S. 80.
[4] O. Lilienthal 1889, S. 136.
[5] ebenda, S. 70.
[6] ebenda, S. 121.
[7] W. Schwipps, S. 227.
[8] O. Lilienthal 1995, S. 36.
[9] ebenda, S. 37.
[10] W. Schwipps, S. 256f.
[11] O. Lilienthal 1995, S. 3.

Aristarch von Samos

Literatur
Archimedes, Werke, Wissenschaftliche Buchgesellschaft, Darmstadt
    1983.
T. Bührke, Die Sonne im Zentrum – Aristarch von Samos. Roman der
    antiken Astronomie, Verlag C. H. Beck, München 2009.
M. Carrier, Nikolaus Kopernikus, Verlag C. H. Beck, München 2001.
N. Copernicus, Das neue Weltbild, Felix Meiner Verlag, Hamburg 1990.
T. Heath, Aristarchus of Samos, Clarendon Press, Oxford 1913, www.ar-
    chive.org/details/aristarchusofsam00heatuoft
A. Mudry (Hrsg.), G. Galilei – Schriften, Briefe, Dokumente, Verlag Rüt-
    ten & Loening, Berlin 1987.
B. Noack, Aristarch von Samos, Reichert-Verlag, Wiesbaden 1992.
W. G. Saltzer, Theorien und Ansätze in der griechischen Astronomie,
    Steiner-Verlag, Wiesbaden 1976.

Zitate
[1] N. Copernicus, S. 149.
[2] ebenda, S. 73.
[3] W. G. Saltzer, S. 157.
[4] Archimedes, S. 349f.
[5] N. Copernicus, S. 133.
[6] A. Mudry, Bd. 1, S. 288.

Ignaz Semmelweis

Literatur
T. v. Györy (Hrsg.), Semmelweis' gesammelte Werke, Verlag von Gustav
    Fischer, Jena 1905.
S. B. Nuland, Ignaz Semmelweis – Arzt und großer Entdecker, Piper
    Verlag, München 2006.
F. Schürer von Waldheim, Ignaz Philipp Semmelweis – Sein Leben und
    Wirken, Hartleben's Verlag, Wien 1905.
G. Sillo-Seidl, Die Affaire Semmelweis, Herold Verlag, Wien 1985.

Zitate
[1] v. Györy, S. 129.
[2] ebenda, S. 130.
[3] Sillo-Seidl, S. 25.
[4] v. Györy, S. 125.
[5] ebenda, S. 118.
[6] ebenda, S. 129.
[7] ebenda, S. 137.
[8] Sillo-Seidl, S. 35.
[9] ebenda, S. 39.
[10] v. Györy, S. 296.
[11] ebenda, S. 433.
[12] ebenda, S. 439f.
[13] ebenda, S. 466.

Ludwig Boltzmann

Literatur
L. Boltzmann, Populäre Schriften, Verlag Johann Ambrosias Barth,
    Leipzig 1905.
E. Broda, Ludwig Boltzmann, Verlag Franz Deuticke, Wien 1986.
C. Cercignani, The Man Who Trusted Atoms, Oxford University Press,
    Oxford 2006.
H.-G. Körber, Aus dem wissenschaftlichen Briefwechsel Wilhelm Ost-
    walds I, Akademie-Verlag, Berlin 1961.
W. Ostwald, Lebenslinien. Eine Selbstbiographie, Klasing & Co., Berlin
    1927.
W. Stiller, Ludwig Boltzmann, Verlag Harri Deutsch, Frankfurt/M. 1989.
Verhandlungen der Ges. Deutscher Naturforscher und Ärzte, 1895, 1.
    Theil, Verlag F.C.W. Vogel, Leipzig 1895.

Zitate
[1] Alle Zitate aus Ostwalds Rede aus: Verhandlungen der GDNÄ, S. 155–168.
[2] Alle Zitate aus Boltzmanns Erwiderung aus: L. Boltzmann 1905, S. 128–157.
[3] Verhandlungen 1895, S. 32.
[4] ebenda, S. 33.
[5] H.-G. Körber, S. 120.
[6] W. Stiller, S. 120.
[7] E. Broda, S. 44.
[8] L. Boltzmann, S. 53.
[9] W. Stiller, S. 14.
[10] ebenda, S. 16.
[11] ebenda, S. 183.
[12] L. Boltzmann, S. 133.
[13] W. Stiller, S. 183.
[14] L. Boltzmann, S. 73.
[15] ebenda, S.136.
[16] W. Ostwald, S. 185.
[17] ebenda, S. 169.
[18] ebenda, S. 182.
[19] L. Boltzmann, S. 130.
[20] E. Broda, S. 44.
[21] W. Stiller, S. 36.
[22] ebenda, S. 41.

Albert Einstein

Literatur
T. Bührke, Albert Einstein, dtv, München 2004.
A. Einstein Coll. Pap., Princeton University Press, seit 1987; press.princeton.edu/catalogs/series/cpe.html.
A. Einstein, Autobiographisches, Open Court Publ., La Salle 1979.
A. Einstein, How I created the theory of relativity, Physics Today, August 1982.
A. Einstein, L. Infeld, Die Evolution der Physik, Rowohlt 1968.
A. Fölsing, Albert Einstein, Suhrkamp, Frankfurt/M. 1994.
H. Gönner, On the History of Unified Field Theories, Living Rev. Relativity 2004, 7, 2; www.livingreviews.org/lrr-2004-2.
A. Hermann, Einstein, Piper-Verlag, München 1994.
P. Jordan, Physik. Blätter 1955, Heft 7, S. 95.
A. Pais, »Raffiniert ist der Herrgott...«, Spektrum Akademischer Verlag, Heidelberg 2000.
C. Seelig, Albert Einstein, Europa Verlag, Zürich 1960.
D. Wuensch, Der Erfinder der 5. Dimension – Theodor Kaluza, Termessos, Göttingen 2007.

Einstein Online-Archiv: www.alberteinstein.info
Einstein-Haus in Bern: www.einstein-bern.ch

Zitate
[1] D. Wuensch, S. 373.
[2] A. Pais, S. 347.
[3] pers. Mitteilung Prof. Dr. Wolfgang Schleich, Univ. Ulm.
[4] A. Einstein 1979, S. 8.
[5] A. Fölsing, S. 30.
[6] ebenda, S. 41.
[7] A. Hermann, S. 106.
[8] A. Fölsing, S. 73.
[9] A. Einstein Coll. Pap., Bd. 1, S. 324.
[10] ebenda, Bd. 5, S. 46.
[11] C. Seelig, S. 126.
[12] A. Einstein Coll. Pap., Bd. 1, S. 325.
[13] A. Fölsing, S. 240.
[14] A. Einstein, 1982, S. 47.
[15] A. Einstein Coll. Pap., Bd. 5, S. 505.
[16] A. Hermann, S. 179.
[17] A. Einstein Coll. Pap., Bd. 5, S. 545.
[18] ebenda, S. 538.
[19] ebenda, Bd. 8A, S. 205.
[20] A. Hermann, S. 234.
[21] A. Pais, S. 331.
[22] A. Einstein Coll. Pap., Bd. 8A, S. 199.
[23] ebenda, Bd. 8B, S. 663.
[24] ebenda, S. 711.
[25] ebenda, Bd. 9, S. 402.
[26] ebenda, Bd. 8B, S. 765.
[27] cbcnda, Bd. 9, S. 76.
[28] ebenda, Bd. 12, S. 373.
[29] A. Einstein, L. Infeld, S. 162.
[30] A. Pais, S. 348.
[31] ebenda.
[32] H. Gönner, S. 53.
[33] A. Pais, S. 350.
[34] ebenda, S. 337.
[35] ebenda, S. 350.
[36] nobelprize.org/nobel_prizes/physics/laureates/1921/einstein-lec-
    ture.pdf
[37] A. Pais, S. 352.
[38] H. Gönner, S. 88ff.
[39] A. Pais, S. 353.
[40] A. Fölsing, S. 779.
[41] ebenda, S. 824.
[42] P. Jordan 1955.

Namenregister